工程文化

徐建成　申小平　编著

电子工业出版社
Publishing House of Electronics Industry
北京 · BEIJING

内 容 简 介

　　工程文化是国家文化的重要组成部分，是与工程相关的独特文化现象，对工程的成功、成就与创新具有显著影响。高等学校对创新人才培养必须高度重视工程文化传承与创新。本教材旨在落实新时代创新型人才培养需求，让学生了解工程文化的精神，建立新的工程理念，领悟和掌握先进工程技术，能够在未来工程实践中不断传承与创新，创造工程的美和美的工程，为建设新时代中国特色社会主义强国贡献力量。

　　本教材偏重工程实践性原则，关注课程思政融合及跨学科合作教学。本教材内容共由 7 章组成。

　　本书可作为理工科院校工程文化普及教材，也可以作为文科类相关专业学生了解与工程相关文化的参考书。

图书在版编目（CIP）数据

工程文化/徐建成，申小平编著. —北京：电子工业出版社，2021.12
ISBN 978-7-121-42661-2

Ⅰ．①工…　Ⅱ．①徐…　②申…　Ⅲ．①文化－关系－工程技术－高等学校－教材　Ⅳ．①TB-05

中国版本图书馆CIP数据核字（2022）第015160号

责任编辑：赵玉山　　特约编辑：张洪军
印　　　刷：北京缤索印刷有限公司
装　　　订：北京缤索印刷有限公司
出版发行：电子工业出版社
　　　　　北京市海淀区万寿路173信箱　　邮编：100036
开　　本：787×1092　1/16　印张：12.5　字数：320千字
版　　次：2021年12月第1版
印　　次：2021年12月第1次印刷
定　　价：59.00元

凡所购买电子工业出版社图书有缺损问题，请向购买书店调换。若书店售缺，请与本社发行部联系，联系及邮购电话：（010）88254888，88258888。

质量投诉请发邮件至 zlts@phei.com.cn，盗版侵权举报请发邮件至 dbqq@phei.com.cn。

本书咨询联系方式：（010）88254556，zhaoys@phei.com.cn。

前　言

　　工程是在一定文化背景下的造物实践活动和过程。文化既作为社会环境承载着工程，又像空气一样弥散在整个工程活动中，万里长城、三峡工程等历史演进过程中的大量工程案例，包含着丰富的文化内涵。民族精粹的、精神意志的、诗情画意的……这些文化以工程作为载体，永世流传。由此可以看出，工程文化是人类社会工程实践的产物，如果我们能从工程文化的角度审视工程，就会得到新的体验，创造伟大的工程美和美的工程，创造更加美好的生活。

　　南京理工大学是国家级双创示范基地，从 2015 年起开设了工程文化课程，成立了《工程文化》教材编写组。本教材围绕工程文化的概念、内涵、案例和实践等内容展开，遵循课程与思政融合、多学科交叉、工程实践导向原则，形成以下特色：

　　① 立足国家发展战略需要，发挥工程文化课程与思政教育的作用。

　　教材融入"大工程观"、建设美丽中国、"双创"战略、制造强国发展战略、工程师职业伦理、企业家精神等思政内容，以增强学生的文化自信，践行社会主义核心价值观，积极投身到新时代中国特色社会主义建设之中。

　　② 多学科交叉融合，体现丰富的工程文化内涵。

　　教材力求从设计、制造、管理、文化四个方面设计内容体系，旨在体现内容的文化、工程、历史、哲学、制造等多学科性，通过剖析精典工程案例，深入揭示工程文化的丰富内涵。

　　③ 学生参与工程实践，体验先进工程技术。

　　坚持"实践"导向性，安排有产品开发设计流程、逆向工程、智能制造、机械安全技术四个实践体验课程环节，注重让学生在实践中领悟工程文化精神。凸显文化创新对工程创新的引领作用，引导学生面向新经济创新创业。

本书的目的是培养学生的工程文化素养，把握工程文化的规律，树立工程文化的理念，继承和发扬中国工程精神，使学生能够立足中国特色社会主义建设伟大工程实践，为实现中华民族伟大复兴的中国梦而奋发努力。

本书由徐建成和申小平编著。内容由 7 章组成，其中第 1 章和第 2 章由徐建成、曾德聪、蔡芸执笔；第 3 章至第 7 章由徐耀东、缪莹莹、申小平、黄晓华、周成、居里锴、刘东升、荆琴执笔。

本书在编写过程中参阅了许多书籍和资料，在此对有关作者表示衷心的感谢！

由于编写人员的理论水平和写作水平有限，有不妥之处，恳请广大读者提出宝贵意见。

目　录

第 4 章

制造工程文化 ⋯⋯⋯⋯⋯⋯ 084

第 6 章

企业工程文化 ⋯⋯⋯⋯⋯⋯ 155

第 5 章

安全工程文化 ⋯⋯⋯⋯⋯⋯ 124

第 *7* 章

工程师工程文化 ·················· 168

工程文化释义

工程与文化具有密不可分的内在关联性。一方面,人们的工程活动离不开一定的文化背景;另一方面,工程活动直接影响整个社会文化的面貌。可以认为,工程活动已经形成了一种特殊的亚文化——工程文化。

工程文化是工程和文化的交集。工程文化是一种特定的文化类型和文化现象。

1.1 工程概论

从人类发展历史来看,推动人类发展的根本力量是各类工程活动。人类在进化过程中,最显著的变化是学会使用工具和火,其后世界文明的发展和社会进步以工具的进步、科技的创新为先导,形成了以生产力提升和产业变革为核心的发展模式。就经济社会发展而言,工程化是人类历史上最重大的事件,特别是当今工程的大发展,缔造了现代文明。

1.1.1 工程的发展历史

1. 工程的起源

工程是人类为了改善自身的生存、生活条件,并根据当时对自然的认识水平,而进行的各类造物活动，即物化劳动过程。工程活动是人类社会存在发展的物质基础。工程活动不仅体现着人与自然的关系，而且体现着人与社会的关系。可以认为，工程和人类有着"合二为一"的起源，工程的历史和人类的历史一样悠久。

因此，工程的起源问题可以从两个层次上来认识和分析。一是把工程活动与人类使用和制造工具的活动联系在一起，可以说，人类最初用物和造物的历史就是原始意义上工程活动的开端。二是从严格意义上讲，将居住工程和食物工程的出现作为工程诞生的标志。总而言之，工程起源于人类生存的需要，起源于人类对器物的需要，尤其是对工具的需要，然后是对居所的需要，以及对一切非自然生成的有用物的需要。

2. 工程发展的历史阶段

在人类文明的发展历史上，从史前原始人制造的极其粗笨的石器直到今天高精尖装备以及物联网、人工智能的出现，工程活动有着一个漫长的激动人心的历史过程。

1）原始工程时期

在原始时代，人类构木为巢，掘土为穴，这属于原始的土木工程；削木为棒，磨石为器，属于原始的机具工程；原始的采集、渔猎活动属于原始的农业工程；遍尝百草以治病，属于原始的医药工程。原始工程时期的主要特征是工程活动与生产活动、生命生活需要融合在一起，其知识含量极其原始简单而且发展缓慢。

2）古代工程时期

距今 12 000 年前，工程发展的历史进入古代工程时期。尤其是新石器时代制陶技术的发明揭开了人类利用自然的新篇章。陶器的发明，是伴随着定居和种植农业的发生而出现的，是应谷物贮藏、炊煮及盛水之需而产生的，这也表明工程实践是由社会和生活需要的推动而发展的。制陶实践，使人们逐步掌握了高温加工技术，人类进入融化金属的时代。金属的冶炼、加工和金属工具的使用，是人类从蒙昧到文明的转折点。公元前 4000 年前后，青铜器的出现标志着人类进入文明时代。公元前 1400 年前后，冶铁技术的发明与应用使农业快速发展起来，并形成了农业与手工业的分工，这种分工造就了工程师的前身——专业工匠。

这个时期古代工程有了新的特点：古代工程通过贸易、文明交流加快了发展速度；古代工程的目标已经突破基本生活、生产的需要，并开始满足人类精神生活需要，原始的工程文化发生了内涵性的变化；古代工程显现出王权、宗教、文化、艺术等因素对工程目标产生影响的工程整体性特点。

3）近代工程时期

在这个时期，工程实践变得日益系统化。蒸汽机的发展和广泛使用成为工程发展中划时代的标志。它导致了机械工程、采矿工程、纺织工程、结构工程等的出现和发展。

自 1650 年开始，机械工程从机械钟表发展到蒸汽机的试制，再到瓦特的高效能蒸汽机，从而形成从动力机到工具机的生产技术体系，这也意味着一种复杂的系统工程的出现。机器的出现标志了工业革命的开始，大型的集中的工厂生产体系取代了分散的手工作坊。在这个工程时代完成了第一次产业革命，人类真正进入了工业社会。

近代工程的新特点包括工程的经验性开始向科学性转变，科学方法的应用日益受到关注。例如，热学对蒸汽机的发明具有影响意义，工程日益变得系统化。意大利著名教堂——佛罗伦萨大教堂的建造就显现出一些现代工程的管理和控制方法，工程活动负面的环境影响开始被认识。

4）现代工程时期

19 世纪，工业工程在西方迅速扩张，这个时期被称为指数增长的工程时代。特别是在工程活动中出现的福特制和泰勒制。零部件生产标准化和流水作业线相结合，使生产效率得到空前提高，工业工程史进入了一个新的历史阶段。

20 世纪，基于电学理论而引发的电力革命使人类迎来了电气化时代。电力革命成为第二次工业革命的基本标志。电气化时代的开端也就是现代工程时期的开端。

20 世纪中叶，随着电子计算机的发明和使用，人类在技术上逐渐进入信息时代，它形成了与工业时代许多不同的特征，引发了第三次工业革命。在这一新时期，形成了当代以高科技为支撑的核工程、航天工程、生物工程、微电子工程、软件工程、新材料工程等。

进入 21 世纪，人类面临空前的全球能源与资源危机、全球生态与环境危机、全球气候变化危机等多重挑战，由此引发了第四次工业革命——绿色工业革命。绿色工业革命是以人工智能、机器人技术、虚拟现实、量子信息技术、可控核聚变、清洁能源及生物技术为技术突破口的工业革命。

现代工程的特点包括科学对工程的先导作用明显增强，科学与工程逐步整合，工程的系统性、集成性日趋增强，现代工程更加注重人性化发展。

3. 工程演化的机制与动力

工程是现实的、直接的生产力，它提供了人类社会存在发展的物质基础。工程史生动地向人们显示：工程活动不是停滞不前的，而是不断演化、不断发展的。

1）工程的演化

工程的演化是一个复杂的历史过程，其中包括工程要素的演化和工程系统的演化。

（1）工程要素的演化

工程活动是诸要素的集成，这些要素包括技术、资源、土地、资本、人、市场、管理制度、安全等。工程的存在特征往往取决于这些要素的状况，而工程的演化也首先表现为这些要素的变化。

工程的技术要素表现出鲜明的演化特征。从石器时代、铜铁器时代、蒸汽机引发工业革命，直到 21 世纪的信息时代，都反映出在工程的演化过程中，技术要素的演化一刻也未停止。

必要的资源条件是工程活动的基础和前提，基本的资源要素包括土地、资本、人、市场、管理制度等。人类所实际能够利用的资源的种类及其利用方法在历史进程中有很大变化。一方面，由于技术的空前发展，近现代工程中所利用资源的范围空前扩大。另一方面，当代社会中，自然资源的局限性特征越来越明显，资源的硬约束将推动工程活动向新的方向演化。例如，市场需求是工程活动的重要动力。市场因素常常成为决定工程活动成败的决定性因素。

工程的安全问题也是工程演化历史中一个亘古不变的主题。如何建造安全的工程及安全地建造工程，是人类工程史上一直关注的主题。工程安全不仅是技术问题、伦理问题、管理问题，还是法律问题。

（2）工程系统的演化

工程演化不但表现在工程诸要素及其组合的变化上，而且表现在工程作为一个整体的系统演化上。工程系统的演化对社会生活具有更为持久的作用和影响。

工程系统是为了实现集成创新和建构等功能，由各种技术要素和诸多非技术要素按照特定目标及功能要求形成的完整的集成系统。以照明工程的演化为例，从"火把照明系统"到"油灯照明系统"，到"煤气照明系统"，再到"电照明系统"的演化进程，绝不仅仅是个别技术要素的演化过程，而是发生了既包括"诸技术要素的演化"又包括"非技术要素的演化"，以及它们"协同演化"的过程，总之，发生了工程系统的演化。

（3）工程的要素演化与系统演化的关系

工程的要素演化与系统演化具有既相互促进又相互制约的关系。工程的要素演化对系统演化的促进作用表现为原创性技术对新类型工程的系统演化的激发和引领作用；系统演化对要素演化的促进、引导作用，往往表现为工程系统及其演化将对其某些工程要素提出新的更高的要求，这些新要求将促进相关要素的演化。

工程的要素演化与系统演化也有着相互制约的关系。在工程演化过程中，构成工程系统整体的各个要素中，当某些或某个要素演化速度比较慢，成为整个木桶的短板时，整个系统的功能和演化受到短板要素的严重制约。另一方面，根据工程系统的整体性原则，往往不得不对长桶板进行截短处理，工程演化中系统演化对要素演化的制约作用就突出地显现出来了。

正确认识工程要素演化和系统演化的逻辑及规律，不仅可以深刻地反思历史，汲取经验教训，而且有助于在现实的工程实践中顺应工程演化的规律，认清工程演化的方向。

2）工程演化的机制

在工程演化过程中，存在着选择与淘汰、创新与竞争和建构与协同演化机制。

（1）选择与淘汰机制

工程演化是社会选择过程。所谓社会选择，其具体内容包括许多方面，如政治选择、伦理选择、市场选择、技术选择、宗教选择等。

首先是资源、材料、机器和产品的选择与淘汰。在工程演化过程中，不断有过时的机器和过时的产品被淘汰，不断有新机器和新产品通过社会选择机制而被选择出来，传播开来，于是出现了新产品与旧产品、新机器与旧机器的新陈代谢，形成了工程演化的具体而生动的过程。

其次是工程活动的组织方式、工程制度和微观生产模式的选择与淘汰。任何工程活动都是在特定的生产模式中进行的工程造物活动。自从人类社会进入农业社会，手工业出现后，在很长一段时间，人类的造物活动主要以手工业作坊的组织方式和制度形式进行。而在第一次工业革命时期，出现了新的工程组织方式和新的工厂制度，原先普遍存在的手工作坊制度被淘汰了。工厂的出现意味着机器革命、社会关系革命、管理革命，出现了劳动方式和生产方式的突变。

（2）创新与竞争机制

工程演化过程中充满着创新与竞争。在工程演化过程中具有关键意义和现实意义的创新是那些可以通过竞争机制而胜出的创新成果。正是通过创新机制和竞争机制的协同作用，工程系统及其要素的内容和形态得以从低级到高级不断进化，不断发展，进而出现结构—功能—效率等方面的跃迁。

工程演化过程由技术发明—工程创新—产业扩散三个环节组成。只有当新发明的技术能够有效地嵌入实在的工程系统中并能有效率、有价值地运行时，才能导致工程创新。包括新技术发明在内的技术要素和包括资本要素在内的各种非技术要素相互渗透、相互融合，才能形成工程创新。只有当创新得以扩散，特别是扩散速度加快和扩散规模增大，形成创新潮流，才能形成新的产业，才能够在经济社会影响力和现实生产力上显现出意义重大的进展和演化。

（3）建构与协同机制

工程活动是既有分工又有合作的集体活动。建构一个包括不同岗位的岗位系统和使不同岗位的工作在工程过程中协同配合，就成了工程活动的必要条件和前提条件。

在工程演化历程中，分工的日益细化和与之相应的协同合作关系的日益高级化，成为工程演化的最重要的内容和最突出的表现之一。流水线生产或现代制造工程工艺流程生动地显示出分工原则、协同原则和合作原则三者有着不可分割的联系。分工是协同合作的基础，而协同合作是分工的灵魂，离开了协同合作的分工就会成为一盘散沙。

建构与协同机制有力地推动了工程演化的进程，其重要表现方式之一就是工程演化中出现的产业链、工程集群、工程网络、层次关系的建构和协同。

许多工程以各种不同的方式配合、协调、协同、合作、协作、互补、相互促进、集聚、集群，从而产生了加速创新扩散、相互促进、互利共赢、一加一大于二、协同发展、协同演化的效果。

在演化进程中，建构与协同机制与前面谈到的选择与淘汰、创新与竞争机制是密切联系、相互渗透、相互作用的，要以整体机制和整体观来认识和分析工程演化问题。

在现代汽车工程发展史中，人们看到了一个演化的典型实例。在这个从单件生产方式到福特制再到后福特制的模式变革或模式演化过程中，发生了技术知识、制造工艺、机器设备、管理思想、管理制度、产品结构等众多方面的复杂变革和深刻变化，其中不仅包括了工程中技术要素的深刻变化，而且包括了工程中诸多非技术要素的深刻变化；不仅发生了生产资料方面的深刻变化，而且发生了制度方面的深刻变化。在这个历时一个世纪的工程演化进程中，从现象和结果方面看，发生了多方面的、多系列的、复杂的选择与淘汰、创新与竞争和建构与协同；从机制演化的关系方面看，选择与淘汰机制、创新与竞争机制和建构与协同机制之间发生了深刻的相互渗透、相互影响与相互作用。

3）工程演化的动力系统

（1）工程演化的外部动力

工程演化的外部动力来自工程与社会、工程与自然的矛盾。

当动力的方向与演化方向一致时，它是推动、牵引的力量；当动力的方向和演化方向不一致甚至相反时，它是限制、约束甚至阻碍的力量。

首先，工程活动始于人类需求，满足人的社会需求是工程活动最初的、最直接的动因，社会需求是工程演化的强大拉力，在不同的具体环境和条件下通过不同的方式和途径形成了工程活动和工程演化的动力。而科技进步是工程演化的直接推力，科学技术创新与进步发挥着巨大的直接推动作用，促使工程不断发生变异。另外，社会对工程演化也可能发挥制约、限制作用。任何工程项目和工程建设活动都是在社会大系统中展开和实施的，归根结底受到社会系统的选择、引导与调控。

其次，工程活动的存在和发展还源于工程与自然的矛盾。任何工程活动都是在一定的自然环境（条件）下进行的，于是自然资源、能源和环境等条件必然对工程活动产生多种多样方式和途径的影响。自然资源与环境条件是工程活动的支撑条件，但也可能成为工程活动的约束条件。工程活动要获得成功，必须遵循自然规律，尊重并把握自然界和客观事物的本质。人们正确认识并遵循生态规律，努力按照生态规律的要求建构工程活动的方式，不断优化工程系统结构要素时，将促进工程活动朝着人与自然生态系统和谐、亲近自然与环境友好的可持续发展方向演化，从而促进工程与生态环境的可持续发展。

（2）工程演化的内部动力

工程传统和工程创新的矛盾则是推动和制约工程演化的内在动力。

工程传统是构成工程演化的遗传基因，是工程演化的前提与基础，是工程演化中连续性与渐进性的基点。工程的变化发展正是在既充分吸收和保留了工程传统中的积极成分，又反思、超越、批判与改造了传统中实现的自我蜕变与进步。

工程创新是为了解决工程活动中的各种问题与矛盾而产生的。在永无止境的工程创新的推动下，工程系统不断演化和发展。工程创新是工程系统演化与发展的灵魂，贯穿于工程实践的始终，形成了工程演变的非连续性。

工程传统和工程创新的对立统一是工程演化的内部动力。从动态观点看，在工程传统和工程创新的矛盾关系中，如果继承工程传统的力量是基本和主导的方面，则工程演化表现为量变形式的演化，即渐进和改进；如果进行工程创新的力量是基本和主导的方面，则工程演化表现为质变形式的演化，即突变和革命。

（3）工程演化动力系统的力学模型

工程演化的动力构成了一个系统。工程演化动力系统由四种类型的力量构成：推力、拉力、制动力、筛选力。图 1.1 所示为工程演化动力系统的力学模型。如果将这四种力量的内容进一步具体化，就有了工程演化动力系统的解析模型，如图 1.2 所示。

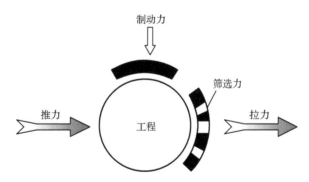

图 1.1　工程演化动力系统的力学模型

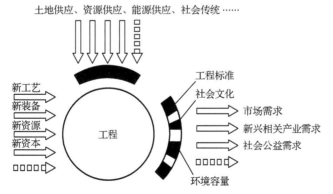

图 1.2　工程演化动力系统的解析模型

汽车制造的演化过程就是显示汽车工程演化动力系统及其作用的一个生动案例。

在 100 多年的汽车制造演化进程中，在其工程演化动力系统的推力和拉力方面，人们不但看到了汽车技术（包括发动机技术、轮胎技术、方向控制技术、刹车技术、制造材料技术等）不断推陈出新对汽车工业的演化发挥的重要作用，而且还看到福特公司在开拓汽车市场营销方式方面的创新作用。技术创新、管理创新等方面的强大推力和大众需要的强大市场拉力，使汽车制造工程的演化进入一个新阶段。在演化动力系统的制动力方面，能源供应是一个发人深省的问题。汽车使用的能源是从石油中提炼的汽油。起初，廉价的汽油曾经一度是有利于汽车工业发展的重要因素。可是，石油危机使许多人都感到措手不及。应该承认，目前汽油已经成为汽车工业演化的制动力和筛选力，不仅表现在石油价格飞涨方面，还表现为对汽油环保标准的日益提高。在工程演化动力系统的筛选力方面，工程的标准、规范、环境容量的许可性等都有某种筛选力的含义。还有一个值得注意的问题是汽车文化问题。汽车完全迎合了美国人的价值观这一社会文化因素，是汽车在美国受欢迎的程度远远超过世界任何国家这一现象的重要原因。

可以看出，工程不仅在微观层次上，而且在宏观层次上都是不断发展、不断演化的。工程演化是一个有规律的过程。

1.1.2 工程的本质特征

1. 工程的本质

从工程发展历史来看，工程是人类运用各种知识（如科学知识、经验知识、工程知识等）和必要的资源、资金、设备等要素并将之有效集成，从而创造和构建新的社会存在物的有组织的社会实践活动。

如果把工程结构设想为圈层结构，那么它的内圈结构是纯技术要素的集成与整合，它的外圈结构是指资源、知识、经济、社会、文化、环境、政治等相关要素。

一方面当外圈结构变化的时候，技术要素的集成方式也会变化，如当人们对环境保护的意识加强时，就要求工程在建设过程中必须达到环保要求，这就使得工程在技术的选用上必须集成对污染能够进行处理的技术；另一方面，技术要素本身的状况和水平也改变和规定着与外圈结构要素之间的协调方式，如当通信技术从有线电话到无线电话再到网络通信，当我们坐在家里可以通过网络进行缴费、购物、视频交流，这种技术水平提升了人们的生活品质，促进了社会的进步与文化的发展。

因此工程的本质可以被理解为各种要素的集成过程、集成方式和集成模式的统一。这可以从三个方面解析：第一，它是工程要素集成方式，这种集成方式是与科学、技术相区别的一个本质特点；第二，工程要素是技术要素和非技术要素的统一体，这两类要素是相互作用的，其中技术要素构成了工程的基本内涵，非技术要素构成了工程的边界条件，两类要素之间是关联互动的；第三，工程的进步既取决于内圈结构所表达的科学、技术要素本身的状况和性质，也取决于外圈结构所表达的一定历史时期社会、经济、文化、政治等因素的状况。

2. 工程的基本特征

从工程活动的基本构成和基本过程看，工程具有构建性、实践性、科学性、经验性、集成性、创造性、社会性、公众性、效益性和风险性等基本特征。

1）工程的构建性和实践性

任何一个工程过程首先突出地表现为一个建构过程，这种建构不仅体现为物质性结构的构建，还包括诸如工程理念、设计方法、管理制度、组织规则等方面的构建，是一个综合性的构建过程。一般的大型工程项目的构建性更加突出。例如，我国青藏铁路工程，在生态环保管理方面对青藏铁路建设全程监控，在全国工程建设中首次引进环保监理制度。

工程的实践性，不仅体现在工程建设过程中，更重要的是体现在项目建成后的工程运行中。运行实践取决于工程建设的状况，工程建设质量取决于工程构建水平。所以，工程建构、工程建设、工程运行是三位一体的工程整体。

2）工程的科学性和经验性

工程活动，尤其是现代工程活动都必须建立在科学性的基础之上，特别是工程运用中的关键性技术、技术群都有其自然科学甚至是社会科学原理的依据。但是由于工程建设是一个直接的物质实践活动，工程活动主体的实践经验是工程活动的另一重要因素，是工程活动中的科学性原则的重要补充。原始社会钻木取火的经验与现代社会火箭升空的点火经验是不可同日而语的，后者是现代科学和高科技原理的紧密相连，科学性与经验性的相互依存、相互转化。

3）工程的集成性和创造性

工程是通过将各种科学知识、技术知识转化为工程知识并形成现实生产力从而创造社会、经济、文化效益的活动过程，这个过程集成了各种复杂的要素并实现新的存在物的构建，是系统集成性和创造性的高度统一，集中表现为集成创新的特点。

中国载人飞船工程由航天员、空间应用、空间实验室、飞船、运载火箭、发射场、测控通信和着陆场八大系统组成，而飞船本身又由13个分系统组成，涉及多学科、多领域，还必须突破卫星研制中没有的环控生保、仪表照明、人工控制、应急救生等技术。

4）工程的社会性和公众性

工程因为人类的需要而开展，并因此获得价值。工程现象不单纯是科学与技术现象，它包容社会经济文化因素，并且影响社会经济文化的变化，特别是大型工程，往往对特定地区的社会经济、政治和文化的发展具有直接、显著的影响和作用。一个大型工程项目的立项、实施和使用往往能够反映出不同阶层、利益集团之间的冲突、较量和妥协。

例如，某市数千名市民聚集市政府，抗议建设大型达标水排海基础设施工程项目。最终使得该市政府在抗议当天即宣布永远取消该工程项目。尽管公众对工程效益的理解并不一定科学，但公众舆论会影响工程的建设。因此加强宣传与沟通，争取公众对工程建设的参与、监督与支持是当代工程活动的重要环节。

5）工程的效益性和风险性

工程实践都有明确的效益目标。在工程实践中，效益与风险是相关联的。工程效益主要表现为经济效益、社会效益和环境生态效益。对经济效益来说，总是伴随着市场风险、资金风险等；对社会效益来说，伴随着就业风险、地区的和谐风险；对环境生态效益来说，伴随着改变生态环境平衡的风险、能耗风险等。

1.2 工程文化的概念

1.2.1 文化的概念

从广义上讲，文化是人类作用于自然界和社会的成果的总和，包括一切物质财富和精神财富。从狭义上讲，文化指意识形态所创造的精神财富，包括宗教、信仰、风俗习惯、道德情操、学术思想、文学艺术、科学技术、各种制度等。1982 年，在墨西哥召开的世界文化大会上发表的《宣言》中指出："文化是体现一个社会或一个群体特点的那些精神的、物质的、理智的和情感的特征的完整复合体。文化不仅包括艺术和文学，而且还包括生活方式、基本人权、价值体系、传统和信仰"，"文化赋予我们自我反思的能力，文化赋予我们判断力和道义感，从而使我们成为有特别人性的理性的生物"。

从以上对文化的诠释中我们可以看出，文化是人类在自然界生活中的反映，是人们对生活的需要和要求、理想和愿望，是人们的高级精神生活；文化来源于实践，来源于大脑对实践的反映，来源于大脑对实践反映的加工；文化既要反映客观世界，又要反映精神世界。因此，工程与文化是紧密相关的，工程的各个环节都是文化的展现，工程本身就是一种特殊的文化活动，甚至可以说工程本身就是一种文化。例如，中国的长城，它是中国古代人民智慧的结晶，是中华民族的象征，这个古代工程的本身就具有其文化内核，反映了中华民族勤劳勇敢、吃苦耐劳、反侵略、爱和平的精神，反映了古代中国人的创造力。

1. 文化的主体和主体性原则

文化的本质是属人的。换言之，文化的主体是人，没有人便无所谓文化。在这里，作为文化主体的人指人们、人群——各种特定类型或特定范围的人群。划分群体的标准可能是多种多样的，如时代、区域、民族、职业、年龄、性别等都可以作为划分的标准，于是，便划分出了诸如古希腊文化、中国文化、工程师文化、青少年文化、女性文化等不同的亚文化。

通过对不同文化主体的主体性特征的分析，我们可以了解不同社会群体自身的文化特性，不同群体拥有不同的文化，不同群体通过不同方式表现自身的文化——这就是文化的主体性原则。

2. 文化的内容

文化的内容分为五个层面。

第一层面，精神、理念。主体的精神和理念包括主体的思想、情感、意识、观念、信仰、道德、意志等。这是文化的精髓和灵魂，往往决定了其他层面的文化内容。

第二层面，技能、知识。技能包括技艺、经验。最早的文化概念明确地表征为耕种"所采取的耕耘和改良措施"是有道理的。因为这些内容是人类特有的技能。这里所指的知识是广义知识概念，既包括系统知识（如自然科学知识、社会科学知识），也包括常识和艺术（如美术等）成果，它们是人类创造的精神财富，是文化内容中得以生长、扩充和交流的核心部分，涉及主体的文化存量。

第三层面，制度、法规。制度、法规是人类社会秩序化的标志，是人类为自身发展而制定、设立的约束人类活动的规定。在以往的文化研究中，许多学者没有把这一层面纳入文化的范畴。

第四层面，礼仪、规范。这一层面的文化内容是对人们日常行为的要求。许多礼仪形式，在文化变迁或时过境迁之后，往往被视为是微不足道的东西，可是，对于身处其中的人们来说，一些礼仪形式本身往往就是文化内容的有机组成部分并具有丰富的文化意义。

第五层面，习俗、习惯。这是主体约定俗成、沿袭的行为。例如，中国人用餐使用筷子、欧洲人用餐使用刀叉的习俗都是相应主体亚文化内容的重要组成部分。

需要注意的是，不同层次的文化内容并不如油水一样截然分离，而往往是水乳交融的关系。还要注意，文化内容是无形的，需要附加在一定的物质载体上才能得以体现。有人因此把文化视为一种"软实力"。

3. 文化的生成、传承和变迁

文化可以生成、传承和湮灭，可以被不断创造，也会随时变迁。这个过程依赖于人类群体的社会性，即社会遗传方式。文化是通过言传身教、文字记载、知识讲授、工艺制作、工程建造等方式和途径来传承和表达的。文化传承和表达的方式、途径构成社会遗传的场景。场景直接影响文化社会遗传的含量、方向和力度等。虽然在人类四大古代文化中，中华文化是唯一延续数千年流传至今而没有湮灭、没有断裂的文化，可是现代中华文化并不完全等同于古代中华文化。现代中华文化在继承古代中华文化的同时又吸收了人类其他文化的成就。文化依着主体的改变而变迁，文化伴随着场景的变换而变化。

1.2.2　工程文化的内涵

文化与工程既有共同性又有差异性。二者都是属人的，都以人为主体，都是人类创造的财富，这是二者的共同性，其差异性主要表现在以下几个方面。

① 文化的主体既可以指人类全体，也可以指某个社会群体；而工程的主体仅特指社会中特殊的社会群体——工程共同体（包括工程的决策者、投资者、管理者、实施者、使用者等利益相关者）。

② 文化概念中的主体行为广泛，而工程主体的行为相对集中，一般限定在"以建造为核心"的生产、实践活动范围之内。

③ 文化通常强调其无形的精神的内涵，工程则更强调其有形的物质的层面。

④ 文化始终渗透在工程活动的全过程，又凝聚在工程活动的成果、产物中。工程活动也在不同程度上生成文化、形塑文化、传承文化。

⑤ 文化既作为社会环境承载着工程，又像空气一样弥散在整个工程活动中；工程活动则作为一种独立类型的社会活动在广义文化中拥有自己独特而重要的位置和作用。

工程文化是工程与文化的融合，它是文化的一种表现形式，是在工程活动中所形成、反映、传承的文化现象。可以把工程文化理解为"人们在从事工程活动时创造并形成的关于工程的思维、决策、设计、建造、生产、运行、知识、制度、管理理念、行为规则、习俗和习惯等"。

工程文化就是人们在自然界中通过认识与应用客观存在的规律，将这个规律具体化或物化形成科学技术，并应用到实际工程中去，来实现和满足社会的物质与精神的需要，它是人类从事工程活动的记录，是工程历史发展的积淀。

文化的内容可从精神—理念、技能—知识、制度—法规、礼仪—规范、习俗—习惯五个层面进行分析。工程文化的内容系统也就相应地可以划分为理念层、知识层、制度层、规范层和习俗层五个层面。

1. 理念层

工程文化的理念层涵盖了工程思维、工程精神、工程意志、工程价值观、工程审美和工程设计理念等内容。它反映的是工程组织成员为达到整体目标而表现出来的群体意识形态和精神状态，它是工程文化的精髓和本源。工程文化理念层内容决定了工程项目的目的、设计方案、施工管理水平、工程的后果和影响。有什么样的理念层文化就有什么样的其他结构层次文化。因而，工程理念文化是工程文化各结构层次中对工程人影响最深的文化层。理念层文化不易被观察，是各层次中相对稳定、比较隐性和最具影响力的层次，它一旦形成就很少发生变化，并决定着整个工程文化系统的性质和发展方向。

2. 知识层

工程文化的知识层内容非常丰富，其中既包括工程共同体积累的经验性技能、技巧，也包括经过系统研究和总结而形成的工程科学知识、工程技术知识、工程管理知识等。它是通过物质形态展现出来的一种表层文化，是其他层文化的载体和直接体现，体现了工程文化的品位、特色和发达程度，它能给工程组织成员和相关群体以感性的冲击和熏陶，同时又是工程共同体的制度规范、行为准则、精神境界、价值追求和审美意识等的具体反映。例如，我国于20世纪50至70年代完成的苏联援建的"156项工程"、北京"十大建筑"工程、"两弹一星"工程，改革开放后建设的大亚湾核电工程、宝钢二期工程、铁路五次大提速工程，近10年完工的青藏铁路工程、三峡工程、奥运场馆工程、西电东送工程、西气东输工程、杭州湾跨海大桥工程、港珠澳大桥工程，以及正在进行的南水北调工程、探月工程等大型工程，都创造了中国现代化建设的奇迹，也彰显了不同历史时期我国的工程品牌文化和工程科技发展水平。

3. 制度层

工程文化的制度层内容涉及保障工程顺利进行的工程管理制度、工程建造标准、施工程序、劳动纪律、生产条例、产品标准、安全制度、工程建成后的检验标准、维护条例等。它是工程组织从自身目标出发，从文化层面对员工行为采取一定限制的外显文化。工程制度文化带有强制性、规范性、引导性和可操作性的特点，塑造、规范和约束着工程组织中各参建方（如工程建设单位、勘察单位、设计单位、施工单位、工程监理单位及其他有关单位）和成员个体的行为，也反映了工程组织及其成员的价值观、职业道德取向和精神风貌。制度文化是工程文化的固化部分，它和规范层一样都是工程文化系统的中间层，是联系其他层次文化的纽带，其转化有两个方向：一是外化为物质形态和行为表现的工程文化，为工程建设主体的具体行为提供应遵循的行为规范；二是内化为精神形态的工程文化，即将精神文化融入制度文化建设中，体现工程组织的精神实质。

4. 规范层

工程文化的规范层内容主要包括工程技术性规范和伦理行为规范等，如工程设计规范、操作守则、业务培训计划、工程单位的日常生活的管理及服务系统，甚至特殊的行为规范（如着装要求等）。规范层工程文化又称工程行为文化，它是工程组织成员在工程建构及学习、娱乐和生活过程中形成的活动文化和行为习惯。工程组织的行为文化虽然表面上看只是一种活动，实际上却是工程组织和项目团队成员的工程理念、工作作风、精神风貌及人际关系的动态体现，也是工程精神和核心价值观的折射。工程行为文化是以人的行为为形态存在的文化，它是工程文化系统的主要承载者和中间层，是理念层和制度层文化的外在表现，又对知识层和习俗层文化产生影响。

工程文化的规范层与制度层内容存在某些交融之处，二者都是对工程共同体在工程活动中的行为要求。不过，制度层内容往往具有硬性的特征，而规范层内容则更有弹性。

5. 习俗层

工程文化的习俗层内容既包括与地域文化、民俗文化相关联的约定俗成的一些行为方式，也包括工程共同体在工程活动过程中的行为习惯，可划分为外部（或宏观）环境和内部（或微观）环境两个方面。工程组织内外部环境的变化会对工程文化的变革与建设产生重要影响，在很大程度上决定着工程人的观念和行为，决定着工程文化系统的层次和水平。

工程系统与外部环境存在着大量物质、能量和信息的交换，工程的实施需要外部环境提供各种氛围、资源和条件，任何工程建设活动都会受到相关的法律、政策、金融、市场变化、政府机构，以及民族文化、行业文化、地域文化等外部因素的影响和制约。任何工程建设活动都是在国家和行业相关法律法规的保障和约束下，在工程行业及相关产业的资源、技术、人力等投入的基础上开展并依法加以管理的。例如，为了使我国工程建设活动走上健康发展的轨道，实现工程建设行为的规范化、科学化，保护工程相关者各方的利益，国家为工程建设颁布了各式各样的法律法规（包括法律、行政法规、地方性法规、国际条约等），其中由全国人民代表大会及其常务委员会审议通过并颁布的属于全国性工程建设方面的法律主要有《中华人民共和国土地管理法》(1986)、《中华人民共和国环境保护法》(1989)、《中华人民共和国建筑法》(1998)、《中华人民共和国招标投标法》(2000)、《中华人民共和国安全生产法》(2002)、《中华人民共和国城乡规划法》(2008)，此外还有合同法、税法、消防法、保险法、节约能源法、文物保护法等。

工程组织内部环境是指工程参建单位的性质及其技术实力、员工文化技术素质、发展历史和文化传统、物理环境、生产环境、生活环境、人际环境、文化传播媒体和劳动娱乐条件等的总和，它在更直接的层面上决定着工程文化的内容、形式和品位。例如，工程项目劳动条件的优劣性，建筑造型、颜色、布局和场所绿化的优美性，员工着装、厂容厂貌、施工场地的整洁性和审美性等，都直接影响员工的工作效率、工作情绪乃至生命安全。设计造型优美的工程、优化工程生产环境、建设人文景点、搭建网络化文化传播平台、构建环境友好型人际关系、营造良好的娱乐氛围和劳动条件，是工程组织坚持以人为本，充分激发人的积极性和创造性的有效手段。

外部环境文化是长期积累形成的，是难以控制和改变的，而内部环境文化则是相对容易改变的。因而，工程组织在进行工程文化建设时，要有计划、有步骤地优先构建与外部环境文化相协调的内部环境文化，以营造良好的整体工程文化氛围。

由上可知，工程文化系统的结构特征由理念层、知识层、制度层、规范层、习俗层构成，当然这五个层面不是截然分开的，层面之间都存在着一定的交集，各层面结构在系统中的地位及相互关系可用图1.3所示的工程文化内容系统的地球结构模型加以形象表述。①最深层的理念层工程文化相当于地核，它是工程文化的核心和灵魂，也是最稳定的层次。核层的工程理念文化是从工程制度文化、规范文化、知识文化和习俗文化中提炼出的精髓，具有较低的易觉察性，需要通过四个外层文化的外显而为人们所感知。②制度层和规范层工程文化相当于地幔，幔层文化是工程文化的中间层和外在表现，是理念层文化的保障和工程主体的行为规范。③表层的知识层工

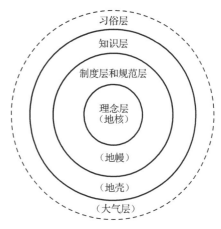

图1.3　工程文化内容系统的地球结构模型

程文化相当于地壳，它是工程文化系统的载体和硬件外壳。壳层是其他各层次文化的物化形态和物质表现，也是核层精神实质的直接展示。④习俗层相当于大气层，它是工程文化的外围气层和环境支撑，关系到其他层文化的建设。总之，工程文化是一个动态开放系统，各层次文化形态有机统一、相互关联、相互制约、相互交融、相辅相成、缺一不可，它们共同影响着工程文化系统的形成和演化，并发挥着不同的功能。

1.2.3　工程文化的特征

工程与政治、经济、生态、环境等联系密切，具有丰富的历史文化内涵，呈现出文化上的广泛联系和多元价值取向，它是文明的纽带、历史的见证和文化的载体。因而，工程文化具有的特征主要表现在以下五个方面。

1. 工程精神与民族精神的交融

在工程文化中，工程精神通常被凸显出来。工程精神集中反映了工程共同体的价值观和精神面貌。在具有代表性的工程项目中，工程精神又常常与民族精神融为一体，鲜明地表现出民族的精神面貌，集中突显并高扬民族的精神风格。

工程活动都是在一定的国家和民族的地域中进行的，任何工程都是由属于特定的国家和民族的人所兴建和进行的，正是人的主体性因素把工程文化与民族精神内在地连接在一起。

对于工程文化中工程精神与民族精神的关系，必须放在经济全球化的环境和背景中去理解和把握，在民族文化和世界文化的有机融合中认识和把握工程精神和民族精神的关系。不同民族的民族精神由工程共同体带入工程活动中，形成具有民族特点的工程文化，通过携带民族精神元素的工程精神反映出来。例如，德国的严谨、美国的创新，既是其民族文化的特征，也是其工程文化的特征。

中华民族艰苦奋斗、和谐友好、顾全大局的民族精神常常渗透在中国工程建设中，形成中国工程文化特有的工程精神。例如，在大庆油田建设中，"大庆精神"横空出世。在宝钢工程建设中，宝钢人力争"办世界一流企业，创世界一流水平"，培育出来宝贵的"宝钢精神"。在中国的载人航天工程中，航天人创立了"特别能吃苦、特别能战斗、特别能攻关、特别能奉献"的"载人航天精神"。这些工程精神都凝聚着中华民族血脉中所传承的民族精神元素，不仅有力地促进了中国工程的发展，而且推动了中国工程文化的建设。

2. 工程文化的整体性和渗透性

工程文化具有整体性和渗透性，这源于工程的整体性和文化的渗透性。工程中的每个个体、每个子项目都是整个工程中的一个环节和一个局部，都必须以完成总体目标作为前提。可以说，工程活动是一个多因子、多单元、多层次、多功能的动态系统。工程活动的动态系统性，决定了工程的整体性。工程文化的整体性不是自然而然地就可以得到体现的，它需要通过工程活动中的各种协调性原则、协调性机制和协调性过程才能加以实现，工程文化的整体性特征是衡量工程项目成功与否的重要标准之一。

例如，法国查特尔斯（Charters）大教堂从 11 世纪开始建造，在近两个世纪、不连续的工程建造过程中，没有总设计师和统一的设计方案，而且"前后相继的许多工匠分别使用了自己的'地方性的'几何学、技能和测量单位"。但是，由于该工程始终有一个总体目标，最终整体工程得以竣工。所以，查特尔斯大教堂不仅是一个普通的建筑物，而且也是一个反映工程整体性的真实案例。与此同时，由于查特尔斯大教堂凝聚了成千上万名工匠的智慧，灌注了他们对上帝的虔诚信仰，再现了他们的审美观和价值观，因此，它还是工程文化整体性的生动见证。

工程文化的渗透性是指工程文化无形自然而又强有力地渗透到工程活动的每个环节，渗透到工程肌体的每个细胞。工程文化的内容是无形的，正因如此，它具有渗透性，同时又作为软实力有力地决定工程活动的有形结果，从而彰显出工程文化的存在和力量。例如，同等技术含量的工程设备、同样数量的工程队伍有可能建成不同效果的工程项目，既可能创造出流芳百世的工程，也可能创造出危害社会的"豆腐渣"工程。在出色的工程项目中，人们会感受到贯穿于工程共同体的鲜明生动的精神面貌。而那些缺少精神支撑的工程项目犹如缺乏营养的病人，会表现出各种不健康的状态。

3. 工程文化的时间性

任何文化都是在一定的时间和空间中存在和发展的，工程文化也不例外。

工程文化存在于具体时空中，而不是超时空的，这就决定了工程文化具有时间性特征和空间性特征。工程文化的时间性特征主要体现在以下三个方面。

1）工程文化的时代性

工程文化的时代性通过不同时代的建筑工程反映出来。例如，古埃及建造的金字塔与20

世纪澳大利亚建设的悉尼歌剧院有不同的建筑类型和建设风格。工程文化的时代性蕴含在具有时代特征的工程成果中并得以传承，如古罗马帝国的道路交通网与现代社会的铁路网、高速公路网今昔迥异。

工程文化的时代性意味着不同时代有不同的工程文化，任何时代的工程文化都不可避免地要打上一定的时代烙印；随着时代的推移和变化，某些时代的工程也可能在新时代被赋予新的文化含义。例如，在古代中国作为军事防御工程的长城在现代中国被赋予了中华民族精神象征的文化含义。

2）工程文化的时限性

一般而言，每项工程活动都有一定的工期要求，这是工程时限性的典型表现形式。工程的时限性源于政治、经济、军事、自然环境等各方面的原因。例如，汛期到来对河流大坝合龙工期的限制，特别是奥运工程、世博会工程等节日庆典类型的工程项目，对于工期的要求更加严格。

3）工程文化的时效性

工程活动是人类有目的的建造行为，每项工程在设计时都有其一定的时效要求和时效规定。有些工程是暂时性的工程，其时效很短，也有一些工程是百年大计的工程，其时效很长。工程项目的时效性越长，则其工程文化的持久力和影响力便越大。所以，工程文化的时效性特征既是检测工程项目、工程活动质量水平的一个重要标准，也是文化的存在、传承乃至传播的根本需要。例如，古代埃及的金字塔历经四五千年的岁月风霜至今仍屹立在尼罗河畔；中国的都江堰水利工程历经两千多年仍然发挥灌溉效用，成为世界水利史上的奇迹。它们都反映了其建设者的工程建造水平，体现了光辉灿烂的工程文化。

总而言之，工程建设者在进行每项工程活动时，都需要从时代性、时限性和时效性三个维度综合考虑工程活动中时间因素的作用和影响，重视工程文化的时间性特征，创造出合乎工程要求的特定的工程成果，形成具有特色的工程文化。

4. 工程文化的空间性

工程文化的空间性是指任何工程活动都要在一定的地质地域和地理范围内进行和发生影响，在工程活动和工程文化中往往会体现出一定的地域性和地理性特征。从世界的眼光来看，任何国家都是在一定的地域中存在的，许多民族的分布也带有特定的地域性特点。例如，空间性可以表现为某个河谷、某个地区，也可以表现为某个国家或某个民族。

工程文化的地方性特征是很明显的。同类的工程活动在不同地方实施会形成不同的地方性工程文化。有些城市建筑成为所在城市的地标。北京、上海、纽约、华盛顿、莫斯科、伦敦、巴黎、悉尼有各具特色的城市地标建筑，这就是工程文化空间性和地理性的一种典型表现。同一个工程共同体在不同地方从事工程活动，有可能创造出具有不同空间性特征的工程文化。所以工程共同体成员在进行工程活动时要因地制宜，要根据地域空间特点调整原有的工程文化，创造出适应新地点的新工程文化。

5. 工程文化的审美性

人们在工程中对美的追求反映了工程文化的审美性特征。在工程活动中，美存在并表现在工程物和产品外观的形态美和形式美上，更存在并表现在工程的外部形式与内在功能有机统一而体现出的事物美和生活美方面。我们在许多的工程中都体验到了这种全面而深刻的美的和谐、愉悦的感受。

工程美不仅是工程设计师追求的目标，还是工程共同体全体成员追求的目标。俄罗斯著名文学家、思想家车尔尼雪夫斯基曾提出"美是生活"的观念。依据这个观点，工程活动不仅满足人的基本生存需要，还满足人类追求美的精神需要。工程活动一开始便肩负着创造美的使命，工程活动始终贯穿着审美性原则，工程与美具有本源性的内在联系。

工程美需要在工程活动中的各个环节加以体现，因此，审美性也就必然成为工程文化的重要特征。

① 在工程设计阶段，工程设计应该有较高的审美标准。工程设计中应该体现出工程项目的整体性、协调性、秩序性和美学性。工程设计方案不仅应该考虑和满足工程项目的物质功能和经济性方面的要求，还应该考虑和满足审美方面的要求。

② 在工程施工阶段，应该把施工环节和过程中的审美标准、要求作为工程文化审美性特征的重要表现之一。施工过程的有序性、施工场地和环境的整洁性及工程共同体成员在施工过程中的协调配合性等方面都包含着与美有关的因素。必须摈弃和改变在工程施工中常常出现的脏、乱、差现象和状况。

工程文化的审美性特征不可避免地渗透在工程活动的全部环节和过程中。审美性是检验工程成果的一个重要视角、重要方法。工程的审美特征不但表现在工程的功能美、结构美方面，而且也表现在工程的形式美、环境美方面。工程活动应该努力追求卓越，而所谓卓越，其重要内容之一就是需要正确处理工程的技术要求、经济要求、社会要求和审美要求的相互关系，把对工程的技术要求、经济要求、社会要求和审美要求有机结合和统一起来。工程活动不但是一个技术创造过程、生产创造过程、经济创造过程，而且也是一个创造美的过程。

1.3 工程文化的功能

工程文化是工程与文化的融合剂，是促进工程活动健康发展的重要力量。随着人类文明的进步，工程文化在工程活动中所起的作用是广泛而深刻的。工程文化贯穿于工程活动的始终，对工程活动的各个环节乃至工程的发展前景都发挥着重要作用和影响。

1.3.1　工程文化影响工程设计的差异性

工程文化的作用和影响首先强烈而鲜明地表现在工程设计上。在直接的意义上，工程设计是设计师的作品。工程设计的质量如何，是否卓越，不但取决于设计师的技术能力和水平，而且取决于设计师的工程理念、文化底蕴和工程文化修养。

设计师不仅需要拥有一般的基础科学知识、技术科学知识和工程科学知识，拥有丰富的经验，还需要掌握有关工程项目的地方性知识、民族习俗，能准确把握时代特点、拥有较高的审美品位等，这些都属于工程设计师的工程文化能力或工程文化素质的内容。另外，设计师个人的兴趣、爱好、心理素质，甚至包括性别、民族、生活条件、宗教信仰及社会环境等也构成了设计师文化底蕴的特殊因素。设计师在进行具体工程设计时，不仅要展示工程知识，还要把他对决策者思想的理解、对知识的把握、对特定条件的考虑及对工程的诸多特定需求加以集成后在工程设计中综合呈现。工程文化的作用和影响首先会通过工程设计师的设计过程和设计成果表现出来。所以，工程文化直接影响着工程设计的差异性。

1.3.2　工程文化影响工程实施的质量

在工程实施过程中，工程文化会通过建造标准、工程管理制度、施工程序、操作守则、劳动纪律、生产条例、安全措施、生活保障系统等体制化成果和工程共同体内部不同群体的行为得以表现。

投资者、决策者、领导者是否有先进的工程理念；工程师是否制定了行之有效的建造标准和工程管理制度；工人是否遵循了操作守则、劳动纪律、生产条例；后勤人员是否提供了安全措施和生活保障；整个工程团队是否具有凝聚力，是否具有团队精神……这一切都是工程共同体特有的工程文化的表现。创造这一文化、拥有这种风格的工程共同体自然会做出高质量的工程。

从工程文化的角度来看，所谓施工过程、施工质量、施工安全等，不但具有技术、经济内涵和色彩，而且具有工程文化方面的内涵和色彩。在施工环节中，野蛮施工的深层原因是工程文化领域的问题。在工程施工中，事故频发的深层原因往往也不是技术能力问题，而是是否树立了"以人为本"的工程理念、工程文化观念和传统方面的问题。工程中的许多问题归根结底都是工程文化素质和传统方面的问题。工程界和社会各界都应该高度重视工程文化对工程施工的作用和影响，应该努力从根本上提高工程共同体的工程文化素质。

1.3.3　工程文化影响工程评价标准的合理性

工程项目的评价标准要依据客观、全面、准确的原则制定。任何工程评价都是依据一定的标准进行的。由于工程活动是多要素的活动，所以，工程的评价标准也不可能仅有只针对单一要素的评价标准，而需要有内容丰富、关系复杂的多要素的综合性评价要求和标准。在进行工程评价时，人们不但需要进行针对个别要素的工程评价，而且更需要注意立足工程文化和从工程文化视野进行的工程评价。人们应该站得更高，在更广的视野下看待工程评价问题。任何工程标准都体现或反映着特定的文化内涵，它是不同文化观念投射到工程标准上所形成的工程观念的产物。立足于工程文化，在掌握工程评价的标准时应该综合考虑时代性标准、地方性标准、民族性标准、技术经济标准和审美标准的协调等问题。工程是必须以人为本和为人服务的。任何工程，无论规模大小，都应该体现功能与形式的完美统一。在工程评价时片面强调使用功能而忽视外形美观或片面强调形式美而忽视使用功能都是不合理的。

1.3.4　工程文化影响工程未来的发展前景

工程文化不仅影响着工程的集成建造过程，还决定着工程未来的发展前景。可以预言，未来的工程在展示人类力量的同时，会更多地注重人类自身的多方面需求，注重人类与其他生物、人类与环境的友好相处。未来的工程既应该体现全球经济一体化趋势，又应当体现文化的多元性特点。未来工程的发展方向、发展模式及发展水平在某种程度上都将由其所包含的工程文化特质所决定。只有充分认识工程文化的这种功能，才有可能使未来的工程设计充满人性化关怀，使未来的工程施工尽可能减少对环境的不良干扰，使未来的工程更好地发挥其社会功能和人文功能。

工程文化非一朝一夕所能形成，它要经过千锤百炼、精心培育才能形成和逐步成长、丰富起来。它需要通过制定管理规章、制度、共同体行为规范等形式加以培养、塑造、表现。它既能被发扬光大，被转换更新，也可能被消磨腐蚀，衰败蜕化。能否树立独特的工程文化特征，究竟会形成什么样的工程文化，在一定程度上取决于工程领导人对工程文化的认识及其领导风格、战略思想、个人修养、管理方法等因素。所以，工程领导人对工程文化的认识就成为影响工程文化形成和发展的一个关键因素。另外，我们又要看到，工程文化绝不是而且也不可能是少数人的事，必须重视全面提升每个人、每位职工的全面素质，这才是提升工程文化水平的关键所在。

工程活动随着时代发展而不断演化，工程文化的具体内容和形式也必然不断更新和变化。工程文化与工程活动息息相关，是工程活动的精神内涵和黏合剂。在工程活动中，如果工程文化内涵深刻、形式生动，那么工程活动必然生机盎然；反之，如果在工程文化方面内容贫乏甚至方向迷失、形式僵化，那么这样的工程必定充满遗憾，难免成为贻害人类和自然的工程。雨果说"建筑是石头的史书"，歌德感慨"建筑是凝固的音乐"，这些大师从文化的视角看待建筑，看到了建筑的历史作用，看到了建筑的审美功能。其实，人类的其他工程也具有同样的作用和功能，只要我们能够立足于哲学的立场，从工程文化的高度重新审视工程，便会获得新的认识、新的体验，我们便会在工程活动中更好地进行新文化和工程美的新创造，使生活更美好，使世界更美好。

1.3.5　工程文化影响工程教育的未来发展

工程教育既作为工程文化传承的主要形式，又作为工程文化创新的前提条件。工程教育培养未来创造世界的工程建造者，因此工程教育绝对不仅是知识教育，还是理念教育、思维教育、方法教育、原则教育、精神教育、实践教育。培养的工程人才不仅需要具备相关的知识，还要具备智慧和创造力、较强的组织领导才能、明确的伦理责任、开阔的国际视野、跨文化的交流能力、良好的人际交往技能与合作精神、更强的知识更新能力、经常介入公共政策讨论和咨询过程等方面的素质。只有这样，才能具有处理棘手的系统问题的创造力和领导力，世界才会更美好。

第2章

工程观

工程观是指支配活动进行的一种理念。各类工程活动都是自觉或不自觉地在某种工程理念下支配进行的。工程理念是人们在长期、丰富的工程实践的基础上，经过长期、深入的理性思考而形成的对工程的发展规律、发展方向和有关的思想信念、理想追求的集中概括与高度升华。对于工程活动，工程理念具有根本重要性，工程理念从根本上决定着工程的优劣和成败。因此新时代的新型工程师不但要掌握业务知识，还必须有社会责任感，必须树立和深刻理解新时代的工程观。

2.1 工程观的内涵

工程观的内涵十分丰富，凝聚并支配着工程系统观、工程生态观、工程社会观、工程伦理观和工程文化观等。

2.1.1 工程系统观

从辩证法关于普遍联系、相互作用的系统思想看来，工程本身是一个系统，它的构成要素是人、物料、设备、能源、信息、技术、安全、土地、管理等。工程与它的外部环境（自然、经济、社会等）是一个更大的系统。当人们为了满足生存与发展需要进行工程活动时，不仅要考虑工程自身的系统，还要考虑工程与它外部环境构成的系统。工程系统有很强的环境依存性或适应性，自然系统、社会系统等形成工程系统重要的超系统，工程系统与自然系统、社会系统的关联越来越强，相互依存度日益提高，它们之间的基本关系示意图如图 2.1 所示。

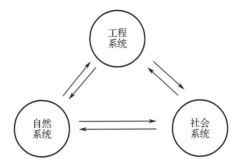

图 2.1　工程系统与自然系统、社会系统基本关系示意图

现代工程系统正在由简单结构向复杂结构、层次结构向网络结构、静态结构向动态结构、显性结构向隐性结构等变化。新的工程系统观要求工程活动应建立在符合客观规律的基础上，遵循自愿节约、环境友好、社会和谐的要求和准则，保持人与自然、社会协调发展，节约资源、能源，保护生态环境，促进社会进步，提高综合效能。

为适应工程系统与自然系统、社会系统协调发展的新要求，当前应系统研究、大力倡导并积极推进有效实施循环经济、清洁生产、绿色制造、绿色物流与绿色供应链等新的模式与方法，并将其运用到现代工程体系的开发、运行、革新与管理中去，为建设资源节约、环境友好型社会与和谐社会做出贡献。

2.1.2　工程生态观

马克思主义历来认为：在人类的一切活动中，自然界始终处在优先地位，"没有自然界，工人什么也不能创造"。据此，由于工程活动是人与自然界相互作用的中介，对自然、环境、生态都产生直接的影响，从而导致了生产过程的单向性与自然界循环性的矛盾，工程技术的机械片面性与自然界的有机多样性的矛盾，工程技术的局部性、短期性与自然界的整体性、持续性的矛盾的加剧，特别是自 20 世纪中叶以来，生态环境问题已经日益突出，严重影响了人类的生存质量和可持续发展。人们意识到那种片面强调征服自然的传统的工程观有很多弊端。当人们欢呼对自然界的胜利的时候，自然界又反过来报复了人类。人们愈来愈深刻认识到必须树立科学的工程生态观，那就是要考虑生态规律的约束和生态环境的优化。工程与生态环境的协调与优化、工程与生态技术循环、工程与生态再造，是现代工程理念首要的内容。

2.1.3　工程社会观

工程作为人类有目的、有计划、有组织的活动，具有社会性。一方面自然因素渗透于工程中，体现在工程对象、工程手段和工程结果之中；另一方面，工程的主体在本质上是社会性的，社会因素从工程目标、工程过程、工程评价等方面渗透到工程中，使工程具有了社会性。工程的自然性与社会性之间的关系如图 2.2 所示。这就是说，不但要从工程的自然维度和科学技术维度，而且必须从社会维度去认识和分析工程。认识工程的社会性、理解与工程相关的社会问题，对于促进工程与社会发展之间的和谐关系是非常重要的。

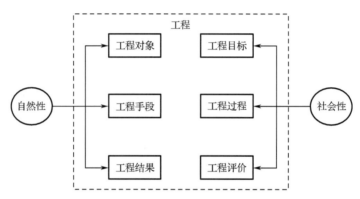

图 2.2　工程的自然性与社会性之间的关系

此外，工程还是社会存在和发展的物质基石、社会结构的调控变量和社会变迁的文化载体，因而工程发挥着重要的社会功能。实际上，工程对社会的影响具有二重性。许多工程在满足人类特定需求的同时，也会给社会带来负面影响。现代工业发展带来的环境、安全等问题已受到全世界的广泛关注。在当今世界新科技革命方兴未艾的时代，信息工程、生物工程、纳米工程等在展示出良好前景的同时，也带来了大量已经出现和尚未被人类意识到的社会风险。

正由于现代工程对社会的巨大作用，公众应享有知情权和不同形式的参与权。让公众理解工程不仅体现了对公众的尊重和民主原则，促进了多种价值观交流，而且可使工程决策获得更广泛的智力支持。

2.1.4　工程伦理观

工程是造物活动，因而在新的存在物的设计和创造中，必然包含着对工程目标、时间、地点、实施方法和途径等的选择。应该选择什么？怎样进行选择？对于工程活动，除科学、技术、经济的评价外，还必须进行伦理评价。在对工程进行伦理评价时，工程的目的、期望、手段等是好是坏、正当不正当就成了头等重要的问题，这就是关于工程价值内容的命题，它反映了时代的价值和道德风貌。因而在工程系统中，伦理对于科学、技术、经济、政治、法律、文化、环境等诸多因素起着重要的定向和调节作用。

如何公正合理地分配工程活动中带来的利益、风险和代价，是当代工程伦理所直接面对和必须解决的重要问题之一。作为工程人必须自觉地担负起对人类健康、安全和福祉的责任，将公众的安全、健康和福祉置于至高无上的地位，具体来说就是质量与安全、诚实、公平和公正。

2.1.5 工程文化观

工程是在一定的文化背景下进行的，因而工程活动、工程建构、工程建设必然反映它所处的时代的文化，这主要体现在工程活动的主题与价值观方面。工程文化具有整体性和渗透性，可以突出工程中表现出来的民族精神、时代精神、地域特点、审美性质，工程文化对工程设计、工程实施、工程评价等都会产生重要影响。

工程与文化的完美结合是工程师追求完美工程的目标，做到树立正确的工程文化理念，从文化的高度审视工程，在未来从事工程活动的过程中，能自觉将所学到的人文精神融入其中，并不断发现、不断创新。

2.2 大工程观教育

20 世纪 90 年代以来，美国工程教育掀起了"回归工程"的浪潮，提出建立"大工程观"。这一理念主要是针对传统工程教育过分强调专业化、科学化，从而割裂了工程本身这种现象提出的。因此，所谓"回归工程"，实际上就是回归到工程的本来含义，这一含义不再是狭窄的科学与技术含义，而是建立在科学与技术之上的包括社会经济、文化、道德、环境等多因素的大工程含义。

2.2.1 大工程观提出的背景及其内涵

1994 年，美国工程教育学会发表了《面对变化世界的工程教育》一文；同年，麻省理工学院（MIT）院长乔尔·莫西斯提出了该学院名为《大工程观与工程集成教育》的长期规划；1995 年，美国国家科学基金会发表了《重建工程教育：集中于变革——NSF 工程教育专题讨论会报告》。这一系列的文件集中体现了一个思想，那就是面对变化了的当今世界，工程教育必须改革。而工程教育的改革方向是要使现在的建立在学科基础上的工程教育回归到其本来含义，更加重视工程实际及工程本身的系统性和完整性。有人把这种思想称为大工程教育观。

大工程观的提出有其深刻的社会背景。这是社会可持续发展观在工程教育领域的具体诠释。近年来，人们越来越认识到，一个世纪以来，在物质生产取得巨大成就的同时，人类在自然资源的利用、生存环境的保护等方面存在着危机，单向的、对自然的过度索取和开发已经使我们生存的环境受到越来越严重的破坏。从深层次上来说，环境的破坏并不仅仅是人类工业化的负面结果，它实际上体现了人类工业文明及其思维方式的危机。在这里，科学技术的作用被过分夸大了，同时人也把自己同自然界对立起来，变成自然的征服者甚至是掠夺者。社会的可持续发展观正是 20 世纪 80 年代以后人类对这种危机进行反思的结果，人们越来越认识到，社会的发展应重视发展的可持续性、整体性、公平性等，这样才能实现人类社会发展的长远利益。

在工程教育领域，由于工业化的直接影响，工程人才的视野长期被局限在科学技术的范围之内，科学与人文、工程与其所处环境被割裂开来，工程作为系统的本来含义被异化。因此，当社会的可持续发展观逐渐得到认可的时候，传统的工程教育观也受到冲击，回归到工程的本来含义，体现了现代工程特点的大工程观逐渐得到认同。

简单地说，大工程观就是要求工程教育应更加重视工程的系统性及其实践特征。因为社会是一个不可分割的整体，要想实现社会的可持续发展，必须在科学技术进步和发展经济的同时，充分考虑社会的文化、环境、道德等其他方面的因素。工程教育不仅应该让学生学习一些工程科学的知识和理论，还应该让学生接触到大规模的复杂系统的分析和管理，这不仅是指对有关技术学科知识的整合，还包括对更大范围内经济、社会政治和技术系统日益增进的了解。这要求工程教育内容应重新进行调整和综合，并更加重视工程人才实践能力的培养。

2.2.2 大工程观的特征和本质

1. 大工程观的特征

大工程观作为一种现代工程观，表现出如下突出特征。

① 大工程观将科学、技术、非技术要素融为一体，形成完整的工程活动系统，注重工程技术本身的同时，把非技术因素作为内生因素加以整合，引入工程活动。大工程观重视对整个工程系统的研究。工程活动包含着对生态环境结构与功能的重塑，与社会相互协调发展，既改造环境又保护环境，促进环境的可持续发展。

② 大工程观重视多元价值观统摄，力图实现多元价值观的整合。现代工程将科学、技术、经济、社会、环境生态、文化及审美艺术、伦理道德等价值观整合起来，指导工程实践，创造一个人工的实体。人工的实体一旦生成，就成为一个社会文化的实体，并围绕其形成新的社会结构系统。传统工程观价值观单一，主要以追逐经济利益为目的，创造一个经济技术实体，工程活动价值的指向是以人类为绝对主体，对作为客体的自然界进行改造，忽视自然本身的内在规律及对人类活动行为的限制与反作用的功能，忽视工程对社会结构与社会变迁的影响，

忽视社会对工程的促进、约束和限制的作用，因而难以全面把握人与自然的互动关系。

③ 现代大工程活动属于知识密集型实践活动，用丰富的知识替代相对稀缺的自然资源。传统工程多属于劳动密集型工程和资本密集型工程，这种传统粗放型的资源利用方式易引发生态危机。

2. 大工程观的本质

工程本质上是多学科的综合体，是以一种或几种核心专业技术加上相关配套的专业技术所重构的集成性知识体系，是创造一个新的实体。工程活动就是要解决现实问题，是实践的学问。工程的开发或建设，往往需要比技术开发投入更多的资金，有很明确的特定经济目的或特定的社会服务目标，既具有很强的、集成的知识属性，又具有更强的产业经济属性。现代工程朝巨型化、集成化方向发展，呈现技术高度集成化趋势，同时大型工程对环境生态、人文、政治经济活动产生显著的影响。因此，大工程观的本质就是将科学、技术、非技术、工程实践融为一体的，具有实践性、整合性、创新性的工程模式教育理念体系。

大工程观是从实践的视角，将大型复杂工程系统存在的传统与非传统属性上升为学术研究领域，演变为改革现代工程教育的理论体系，经过各学科、各部门人员的不断努力、丰富与完善，而逐渐形成的工程系统学理论体系，其外延与内涵进一步扩大。大工程观不是指工程规模本身大，而是指为大型复杂工程提供理论支撑的科学基础知识系统范围大，涉及各方面学科的交叉与融合，远远突破工程科学知识本身的范围。大工程观就是以整合、系统、应变、再循环的视角看待大规模复杂系统的思想，包含以下三个层面的内容。

1）整体论的思想

整体论是大工程观的典型特征，要求在描述和分析工程系统时，关注工程系统整体的架构，要抽象地将其作为一个整体来思考，要求用联系的观点看待问题。不仅要把工程系统看作一个整体，而且还要将其放到社会背景中去，把它们共同看作一个整体。

整体论思想体现在工程系统方面的思考模式就是整合、集成、综合，关注支撑大型复杂系统工程的各学科之间理论的系统性与关联性、工程学科之间的整合与综合，关注工程系统与工程背景的整合。

整体论思想体现在工程实践系统层面，就是工程系统中的工作人员不仅仅是运用工程科学、技术、工程方法、企业管理标准、社会因素中的某一学科方面的知识开展专业化的工程活动，而是必须综合这些学科知识运作工程系统，关注来自不同学科的工程师与其他专业团队的协作，关注工程过程，关注技术手段的选用，关注多元价值观对工程师的求解问题方法与途径的制约。整体论的思想反映在工程教育系统层面：一是建立多学科整合系统；二是实行通识教育，培养的工程师要具备技术知识、沟通技能和金融知识、对社会问题的感知能力，以及基于伦理道德的是非判断能力，是宽厚理论体系与实践能力兼备的通才。

整体论的思想反映在工程教育运行机制层面，就是要建立一个横跨各系科的工程系统部门。

2）应变的思想与方法

理念是行为的先导，大型复杂系统工程遵循"理念—设计—工程实体"这一模式，大型工程系统的设计与管理，与其说是在做物质化的工程，还不如说是在做一种思考的理念与模式，是将思想借助于物质技术手段，外现具体化为一个物质实体的过程。新创造的工程实体一旦生成，就成为物化的生命系统，可能随时间的变化而发生改变，为了应对工程系统运行过程中可能发生的各种问题，应变的思考模式或者说思考大型工程系统的方式应该充斥整个工程系统。应变策略设计是找出系统中相对稳定的那些因素，如系统的宏观架构一般相对稳定，那么这些宏观架构就作为系统的主体属性，这些宏观架构恰恰反映在工程教育的课程设置上，作为课程教学的主体内容。

应变的思想与方法反映在工程教育层面，就是工程教育终身化，必须培养学生终身学习能力；精简学科教学内容，加强对基本概念与原理的掌握，不需要对整个知识领域的覆盖，给学生以充分的时间思考和参与社会活动；教学中帮助学生学习如何运用基本原则，发挥主动精神，用自己的自信心和判断力来迎接新问题；重新设计多样化的工程教育系统，满足不同人员终身学习的需求。

3）再循环的思想与方法

在大工程观中，再循环的视角非常普遍。大型复杂系统工程成本高、功能复杂，一旦生成，功能相对稳定，而社会总是不断变化的。大工程观中，设计工程系统时就必须重点关注其循环使用周期与长远发展问题，关注工程系统的灵活性，可以更容易地给系统增加新的功能，或者改变现有的功能，使其重新适应变化的需要。

值得注意的是，大工程观是强调要远离纯粹的工程科学导向，扭转工程科学极端化的趋势，而不是要否定或者削弱工程科学研究。工程科学和技术的不断发展给原来的工程教育课程不断补充新鲜血液；而在工程教育中通过强化科学知识的一致性，可以很方便地将新的科学发展融入工程实践。

2.2.3 未来工程与工程创新人才

工程是不断变化发展的。历史走向现在又要走向未来。我们不但关心历史、关心现在，而且关心未来。

1. 未来工程发展背景

随着科学、技术、经济、政治及环境的加速变化，人类面临着前所未有的挑战和机遇。其中，全球性的人口膨胀问题、资源匮乏问题、环境污染问题、自然灾害问题及战争与和平问题等一系列重大问题，共同构成了未来相当长一段时间内工程活动的基本问题背景。

① 经济全球化促使工程国际化。随着经济的全球化，工程要素的获取和使用已在全球范围内进行，工程活动在相当程度上超越了时空限制，规模和复杂性大大增加，所包含的风险和不确定性也随之增大。因此，跨国界的工程团队必将在未来的工程创新中发挥越来越大的作用。

② 知识的爆炸性增长和知识经济的来临，为工程的演进提供了强大的推动力。知识的爆炸性增长为未来工程活动奠定了全新的知识基础，同时也使未来的工程领域发生根本变化。随着知识价值的不断增加，人类已经开始进入以对知识资源的占有、生产、分配和使用为关键要素的知识经济时代，这为工程科学、工程技术和工程实践变革提供了全新的契机。

③ 社会、经济、环境的变化所提出的一系列重大问题影响着工程发展的基本方向。随着世界人口总量和经济总量的不断增长，世界的自然环境承受着越来越大的压力，人与资源之间的矛盾不断加剧，资源匮乏、能源危机、粮食不足、全球变暖等问题都在极大地威胁着人类的可持续发展。如何通过工程活动的生态化来支撑人类的可持续发展，如何建设资源节约型、环境友好型社会，是摆在人类面前的关键问题。

④ 当前，人类社会发展开始出现某些新的风险特征，要求工程活动重新定义。环境污染、资源枯竭、食品安全、交通与生产安全、新型疾病、恐怖袭击、大规模杀伤性武器及其扩散等，都使得现代人处在一个充满风险的环境之中，而所有这些风险都与现代科学、技术和工程具有密不可分的关联。据此看来，风险社会为工程发展提出了包括工程伦理在内的一系列新课题，它要求人们在深入思考风险社会的基础上提出对策并解决工程的创新问题。

2. 未来工程发展的基本趋势

在新背景下，未来工程的发展呈现出以下几个基本趋势。

① 新工程理念已经形成。为降低工程活动带来的重大负面影响，未来工程活动必须建立在自然规律和社会规律基础上，遵循社会道德、社会伦理及社会公平公正的准则，以促进人与自然、人与社会、工程与自然、工程与社会的协调发展为依据，并在工程系统的决策、设计、构建和运行中充分体现人性化。

② 工程系统观将成为工程活动的主导原则之一。为全面领会当代复杂工程系统，人们正在努力从系统视角来建立整体论视野，以便寻求在多元要素间的系统集成与和谐运行，并据此构建出功能良好的工程系统。

③ 各类与工程知识相关的知识正在迅速走向交叉和融合。人类与工程相关的知识已经从宏观深入到微观乃至超微观，工程造物的精度也从经验时代进入毫米时代、微米时代，目前正在向纳米时代推进，这促使众多工程领域不断走向交叉和融合。

④ 大尺度的工程创新将成为工程创新活动的重点内容。随着工程活动规模的不断扩展，工程的系统性越来越强、集成度越来越高，包括多种时间尺度和不确定性及社会、自然与工

程之间的互动，大尺度工程系统成为工程发展的重要趋势。

⑤ 社会科学知识在工程创新活动中的重要作用日益显现。随着工程发展，工程与社会之间的关联越来越紧密。目前，许多企业的研究开发中心不仅包括工程技术专家、科学家和工程管理者，还将社会科学家与人文学者吸纳其中，共同从事研究开发和工程创新，鲜明地体现了工程创新活动的跨学科特征。

⑥ 经济全球化使工程国际化程度越来越高。随着技术设施的成熟和经济的全球化，未来工程问题的解决将更多地在全球范围内协同进行，参与主体将包含遍布全球的跨学科团队成员、公共官员及全球客户等。在这种情况下，只有充分尊重民族文化的多样性，才能使工程活动符合建设和谐世界的需要。

⑦ 未来的工程将逐步成为环境友好的绿色工程。资源匮乏、环境污染和生态失衡使人们的生态意识不断增强，生态平衡和生态健康开始成为工程建设的一个硬指标，生态价值成为工程活动的内在价值追求，在未来的工程活动中，人类在展示自己依靠自然、认识自然、适应自然及合理改造自然的智慧和力量的同时，将会更加注重人类与其他生物、人类与环境的友好相处。

⑧ 工程设计的理论和方法正在发生重大变革。随着工程实践的规模和复杂性的增加，人类越来越难以预见自己构建的系统的所有行为，其中包括灾难性后果。为此，人们正在采用计算机仿真等新的虚拟实践手段进行大尺度工程系统创新的试验与评估。另外，人们正在进一步考虑工程系统设计的原则，发展新的容错设计手段，以使工程创新的失败不至于造成重大灾难。此外，将民主原则深入设计过程，广泛听取利益相关者的呼声，也是应对工程活动不确定性的一种有效途径。随着工程科学的发展，人类在不确定条件下对工程系统的驾驭能力会不断提升。

⑨ 工程科学的研究也在发生着重大变革。随着工程系统的扩展，新的跨学科工程系统研发领域得以发展，该研究领域主要立足于四类基础性学科之上，包括系统结构、系统工程与产品看法、运筹学与系统分析、工程管理与技术政策。

⑩ 公共理解和参与工程成为未来工程建设的重要社会基础。工程直接关系到公众的利益和社会的福祉，公众作为重大工程创新的利益相关者，有权利参与这类工程创新的决策和实施过程。

3. 未来工程人才素质要求

面对一系列重大挑战和问题，人类最终还要靠自己，包括依靠高素质的工程人才。那些直接参与工程创新活动的工程人才，担负着通过工程来营造人类未来的重大使命。鉴于工程塑造未来的作用越来越大，工程中包含的风险问题也会越来越严峻，未来工程对工程人才的要求就会与过去有所不同，未来工程人才评估标准与强化素质如表2.1所示。

表 2.1　未来工程人才评估标准与强化素质

评估标准[①]	需要强化的素质
应用数学、科学与工程等知识的能力	经验知识积累和工程经历
进行设计、实验分析与数据处理的能力	需要有开放的头脑和灵活的整体思维能力
根据需要设计部件、系统、过程的能力	具备比较强的组织领导才能
多种训练的综合能力	需要明白自己肩负的伦理重任
验证、指导及解决工程问题的能力	具备开阔的国际化视野
对职业道德及社会责任的了解	拥有良好的人际交往能力与合作精神
有效地表达与交流的能力	具有实践才能和跨文化沟通能力
懂得工程问题对全球环境和社会的影响	具有全球视野和前瞻性
终身学习的能力	有更强的知识更新能力
具有有关当今时代问题的知识	具有完善的知识结构
应用各种技术和现代工程工具去解决实际问题的能力	拥有强大的分析问题和解决问题的能力，具有很强的工程创新能力

注：①美国工程与技术认证委员会（ABET）对 21 世纪新的工程人才提出的评估标准。

　　总之，当今社会日益加速的技术进步和有关工程活动引发的重大议题呼唤大批优秀的新型工程人才的涌现。他们不仅具有处理最棘手的系统问题的勇气，而且具有带动其他人一起工作的组织领导才能；他们不仅关切与供应商、分销商、客户及其他利益相关者之间的合作关系，而且关切对与工程系统有关的社会问题和公共政策的讨论。这些具有新的工程理念的优秀工程人才，正是人类通过工程活动塑造和谐世界与美好未来的人才基石。

2.2.4　中国长江三峡工程

　　长江三峡工程是中华民族的百年梦想。从孙中山先生在 1919 年首次提出这个设想，经过几代中国人的不懈努力，进行了 70 多年勘测、试验、规划、论证、设计工作，到 1992 年全国人大通过了国务院关于兴建长江三峡工程的决议。

　　三峡工程是开发和治理长江的关键性骨干工程，具有防洪、发电、航运等巨大的经济和社会效益。工程建设采用"一级开发、一次建成、分期蓄水、连续移民"的建设方案，分三个阶段施工，总工期 17 年。1993 年三峡工程开始进入工程实施阶段，1994 年 12 月正式开工，2003 年 6 月水库蓄水到 135 米高程，三峡工程开始发挥初期的综合效用。2006 年 10 月三峡水库已实现初期蓄水 156 米高程，左岸电站 14 台共 980 万千瓦机组提前一年投产发电，船闸年通航运量达到建坝前的 3 倍，大坝提前两年挡水发挥初期防洪效用，整个工程于 2009 年全面竣工。三峡工程的枢纽布置如图 2.3 所示。

　　长江三峡工程是自然和人类社会巨系统中的一个复杂系统工程，涉及长江和长江流域的自然生态、人文环境、政治、经济及工程本身的建设技术和基础科学的复杂问题。因此，在工程建设实施过程中，必须运用系统工程控制论的方法实行有机的、整体的目标管理，才有可能实现预期的目标。

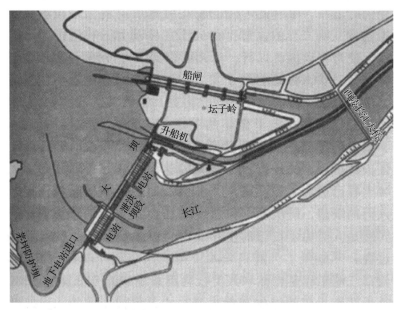

图 2.3　三峡工程的枢纽布置

1. 三峡工程建设与生态环境

三峡工程建于长江干流上著名的长江三峡，即瞿塘峡、巫峡、西陵峡三大峡谷的河段，坝址选在西陵峡河段。它由拦河大坝、发电厂房及通航设施组成，是一项综合利用、多功能的水利枢纽工程。它形成了长 600 余千米、平均水深约 70 米的水库。它可以调节长江上游来水量的不稳定性，削减洪峰、防灾减灾，集中河流的落差获得水的势能用以发电，改善长江峡谷川江河段航道航运条件，获得巨大的综合效益。然而，巨大的工程也改变了长江原有的状态，水库淹没了部分土地、水库居民要搬迁、库区生物种群的生存环境发生了改变、长江泥沙运动状态发生了改变等。

生物间相互依赖的生存状态中，处于主体地位的只能是人，这是自然选择的结果，唯有人具有高度的生产本领、思维能力和丰富的情感。当今人类看到全球环境恶化、生物种群减少，意识到人类未来的生存、发展和可持续发展的危机，注意到要为了保护环境、改善生态而付出巨大的努力。这一切都是为了人，是以人为本的，绝不是脱离开人的所谓要以自然为本。

人类凭自己在生存实践中获得的智慧和情感，为了更好地生存和发展，既会不停地运用自然规律和利用自然资源改造自然环境，也会遏制自己对欲望的无限制追求，防止破坏人类未来的生存发展权利，指导人类自己的行为。长江三峡工程的建设正是遵循了自然规律，改造了不利于人类生存的环境。

2. 长江洪水灾害及其对策

长江是中华民族的母亲河之一，它哺育了中华民族的繁衍昌盛，然而在自然环境的演变中，由于泥沙淤积于中下游，造就了中下游广袤而肥沃的平原，但同时因为抬高了河床，致使中下游河道行洪能力不足，造成洪水泛滥，给人类带来难以抵御的自然灾害。

长江三峡工程就是长江防洪综合体系中的关键工程措施，即在三峡河段的末端也就是长江上游河段的末端（控制着 100 万平方千米的流域面积）兴建有足够容量的水库，以调蓄长江的洪水流量，削减下游河道的洪峰。经过调洪演算、综合比选，确定了三峡水库正常蓄水位为 175 米，总库容为 393 亿立方米，其中 221.5 亿立方米用于防洪滞洪，可以将下游的荆江大堤抵御洪水能力从现有的十年一遇提高到百年一遇，不动用下游的分洪区，直接保护了 150 万公顷的耕地、1500 万人口及数十座沿江重要城镇的安全，这可以说是长江最重要的防洪措施。虽然不能误认为长江三峡水库可以解决长江所有的洪水灾害问题，但经过认真的科学规划和论证，三峡水库的防洪作用不可能有其他方案替代，也可以说防洪是三峡工程建设的必要条件。

3. 三峡水库移民搬迁和重建家园脱贫致富

修建三峡水库需要动迁 113 万人，这是一个巨大的数字，是一项复杂的社会工程。三峡库区涉及重庆市和湖北省的 20 个县市，是全国 18 个集中连片贫困地区之一，仅重庆库区 15 个县中就有国家级重点扶贫开发县 10 个，绝对贫困人口 64.4 万人。1992 年，也就是三峡工程开工建设前，重庆库区农民人均年收入只有 576 元。

截至 2006 年 12 月已外迁移民 19 万人，大部分移民迁入东南沿海经济发达的平原地区，融入当地社会，减轻了库区土地资源紧缺的压力。三峡工程的静态总投资（以 1993 年 5 月价格水平计算）为 900.9 亿元，其中用于库区建设和移民的费用为 400 亿元，如果计入物价上涨和银行贷款利息的支付所形成的动态投资，投入移民的费用将达 600 亿 ~ 700 亿元。经过十余年的努力，已完成逾百万人的动迁，库区十几座县城集镇都已焕然一新，现代化的小城镇已经展现，居民的生活质量与搬迁前相比有了跨越式的提高。

4. 三峡水库可以通过蓄清排浑的调度方式协调水沙关系

三峡水库在工程前期做了大规模的泥沙模型试验，模拟水库的运用方式，得出泥沙淤积的量级分析，设计出了水库蓄清排浑的调度方式。三峡水库自 2003 年 6 月 1 日开始蓄水以来，通过严密的监测，发现入库的泥沙量在逐年递减，其主要原因是上游各支流建成了许多水库，部分泥沙已分散在各水库中，加上上游植被的保护及暴雨分布的随机性等多种因素，这就使三峡水库目前的泥沙实际淤积量比预计的要少，这是令人欣慰的。

5. 保护长江及三峡水库水质是民族的大事

"流水不腐，户枢不蠹"，水流汇入水库，流速减缓，会造成水库水质的恶化。污染源来自水库周边的陆地和支流，也有船舶的行走性污染源。污水和废物排放后发酵变质，氨、氮、磷含量浓度增加，富营养化的水质会造成水生物的改变，有害生物会失控繁衍，某些藻类会产生毒素影响鱼类的生存，影响人畜饮用水源。

目前，保护长江水质的问题已引起各级政府和沿江居民的关注，对此问题的关注同时也促进了库区城镇的垃圾、污水处理工程的建设进程。我们要进一步理顺管理体制，依法执行，加强执法力度，实现达标排放。经过一段时期不懈的努力，是可以取得良好成果的。这是沿江人民，也是全中国人民的一件大事——保护我们的母亲河。

6. 保护三峡水库水生生物的良好生态和发展渔业

从 20 世纪 50 年代开始，中国科学院水生生物研究所和长江水利委员会（原长江流域规划办公室）就组织了人力物力，对三峡工程的兴建将给长江水生物带来的影响进行了大规模调查，长期采集样本，还研究了种群的分布、数量和水生物的生活习性。长江水系有丰富的水生物，其中水生浮游植物有 321 种，非浮游植物有 214 种，浮游（无脊椎）动物 160 余种，底栖动物 220 多种，与人类关系最密切的鱼类有 370 余种，这些水生生物相互间已在缓慢变化中形成了一个相对平衡的食物链。

7. 认识三峡水库的地质构造，采取有效措施防止地质灾害

水库抬高了原有河流的水位，增加了河床岩面水的重量。每平方米岩石面上抬高一米就是增加一吨重量，抬高一百米也就是每平方米岩面要承受 100 吨重量，随着水体压力的改变，岩石应力的调整过程会使地质构造产生微量的变形，会引起所谓的水库诱发地震。根据国际大坝委员会的统计，全世界大型水库诱发地震的概率为 0.2%。地震发生的内因是地层地质构造，外因是外力。我国是一个地震多发国家，据统计，库容 1 亿立方米以上的大水库出现诱发地震的概率平均为 5%。诱发地震的烈度也取决于坝库区的地质构造。

三峡工程从早期论证到工程的实施过程中就做了大量地质勘探工作，库区的移民新居和新建的城镇都应规避可能出现滑坡和坍塌的地带。1998 年国家又从三峡建设基金中提取 40 亿元用于库区岸坡的加固工程，到目前为止已完成了一、二期加固工程，并启动了第三期加固工程，国家还将根据实际情况加大投入，以防止地质灾害的发生。

8. 采取有效措施，确保长江三峡工程安全

三峡工程的损毁可能来自人为和自然两个方面，而人为因素中最被人关注的是战争破坏。因为一旦爆发战争遭到敌方的军事打击，现代战争武器完全有能力摧毁一切建筑物。三峡工程遭敌方军事打击，也将无可避免地失去原有的防洪、发电和通航功能，大坝一旦溃决还会造成次生扩大性灾害。因此，如何防止扩大性灾害是三峡工程在设计过程中要考虑的重点问题，要采取相应的措施预防。三峡大坝有强大的可控泄水能力，可以在较短时间内放空水库。现代战争都有较长的酝酿准备期，从而也有较长的战争爆发预见期，因此就有足够时间做出放空水库的决策并予以实施，从而可以有效避免次生扩大性灾害的发生。再者，三峡大坝是实体混凝土重力坝，全长达 2309.5 米，即使遭到常规（非核武）大杀伤力武器的袭击，全坝也难以在瞬间摧毁，也不会造成水体全水头在瞬间下泄，因此对下游造成的灾害也是有限的。也有人担心，一发生核战争又是什么后果呢？其实动用核武器的战争也远离了常规的战争理念，是否把水库大坝作为首选的打击目标，是值得军事家、政治家和哲学家们探索的哲学理念。当然，要防止战争破坏，也要有相应的积极防御措施。

至于自然因素造成大坝的损毁，其根本原因来自人类对大自然的认识不足。由于工程设计建设的失误，在运行过程中遭遇到恶劣的自然环境，如暴雨、洪水、地质地震超过了设计标准，有可能造成水坝工程溃决失事。这就需要人们对自然界有充分的认识，用现代科学技术建设水坝工程，严格遵守积累了人类建坝历史经验的、经国家批准的规范标准。这样完全可以避免水坝损毁事故发生。以三峡工程的防洪标准为例，考虑到工程的重要性，以长江千年一遇的洪水流量 98 800 立方米 / 秒为大坝的设计标准，又以万年一遇的洪水再加 10% 洪水流量 124 300 立方米 / 秒为大坝工程的校核洪水。即使出现千年一遇的大洪水，三峡工程仍能正常运行，出现万年一遇再加 10% 的特大洪水，三峡大坝仍是安全的，以此洪水概率为标准来确保大坝的安全。为了核定这一洪水概率的准确性，由河海大学水文学教授詹道江先生率领的研究组，在 1996 年对长江沿岸进行了实地调查，寻找古洪水的历史痕迹，运用放射性同位素测定洪水痕迹的历史年代，测定出 1870 年长江出现的 105 000 立方米 / 秒流量特大洪水实际上是长江 2500 年以来最大的洪水，而三峡工程的设计洪水流量是 98 800 立方米 / 秒，按千年一遇的标准也是有余地的。因此三峡大坝的设计标准是很高的，安全可靠性是足够的。经过长期的科学研究、规划设计、分析思辨，三峡工程有足够的安全可靠性，其本身的抗洪水、地震等自然灾害的能力也远高于一般工程。

9. 充分利用长江三峡水能资源，改善环境

长江三峡工程的直接经济效益在于发电，总装机容量达 1820 万千瓦，而且可以扩机 420 万千瓦，最终可达 2240 万千瓦，年发电量可达 900 亿～1000 亿千瓦时，相当于每年燃烧 5000 万吨原煤的能量，从替代煤炭的开采、运输和燃烧发电来看经济效益是巨大的（目前的发电成本仅 0.2 元 / 千瓦时），并且由于替代煤炭燃烧而减少了向大气层排放 CO_2 约 1 亿吨，SO_2 约 200 万吨，NO 约 110 万吨，固体粉尘约 3400 万吨，大大改善了大气环境，环境效益是巨大的。

10. 科学系统的管理是工程项目成败的关键

长江三峡工程同其他造物工程一样，必须经过严格的三个阶段的管理，才能实现预期的工程目标。

第一阶段——思维决策阶段。这一阶段的管理实质上是思维成熟的过程，通过广泛深入的调查研究、科学实验、设计论证，准确地认识自然和客观世界的方方面面，揭示事物的本质，在这些基础上完成决策程序。三峡工程的论证框架如图 2.4 所示。

第二阶段——工程实施阶段。三峡工程本身规模宏大，涉及自然和社会的众多方面，是自然和人类社会巨系统中的一个复杂系统，必须用系统工程控制论的理念和方法实施管理。管理的本质就是控制，三峡工程同一切工程一样，为达到最终目的，就要对工程过程的质量、造价和进度加以系统控制。三者的控制是一个有机整体，质量的广义内容还应包含安全与环保。

第三阶段——运行经营阶段。第三阶段本质上是全面达到整个工程项目预期效益目标的阶段，是要通过运行经营管理来实现的。通过科学的管理、严密的组织和严格的制度来实现

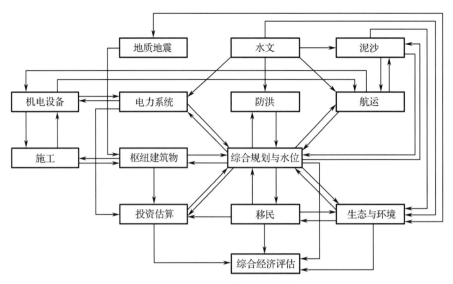

图 2.4　三峡工程的论证框架

高效有序的管理，使工程发挥出最大的社会效益和经济效益。三峡工程在 2003 年 6 月就已与第二阶段平行开始了第三阶段的管理和运作。截至 2018 年年底，三峡电厂水电投产在运装机规模近 5500 万千瓦，年发电量突破 2200 亿千瓦时。机组安全运行为我国的电力供应形成了一个有力的支撑点。船闸的通航能力已达年过闸 4500 万吨。随着水库水位的升高，各项效益将逐步达到预期的目标。

　　长江三峡工程是时间、历史和人的智慧共同作用的结果，是人在大自然中的造物过程。长江三峡工程是一个科学的、理性的工程，规模大，工期长。从思想和认识方面看，它集中而又广泛地反映和凝结了人类在自然科学、社会科学、技术科学、工程科学、工程技术、工程设计、工程管理、工程施工、工程经济和其他许多有关领域的知识和智慧。从哲学方面看，我们承认作为客观存在的自然界和人类社会是可知的。实际上，工程造物活动就是建立在可知论的思想基础之上的，但可知论绝不等于全知论，我们清醒地认识到人类在任何一个时间点上的认识能力和认识水平都是有一定局限性的。不过，这种局限性又是可以随着人类实践的进展而不断突破的，人类的认识是无穷无尽的。三峡工程的建设者对三峡工程的认识和实践并没有结束。历史在前进，人类的认识和实践都在发展。只有在不断的实践中深化和提高人类的认识能力，人类的工程能力才能不断提高，工程理念才能不断升华，工程与自然和社会的关系才能在愈来愈和谐的道路上不断前进。

2.3　创新创业

　　党的十八大以来，在全球经济持续分化、我国经济进入新常态的大背景下，党中央做出实施创新驱动发展战略、建设创新型国家等一系列重大决策部署。在中国特色社会主义进入新时代的关键时间点，党的十九大再次提出要把创新作为建设现代化经济体系的战略支撑，并鼓励更多社会主体投身到创新创业中去。在新的历史条件下，创新与创业正日益成为壮大发展新动能、加速经济转型升级和提质增效的重要途径。

2013 年全球创业周中国站在上海开幕，习近平总书记在贺信中明确提出，创新是社会进步的灵魂，创业是推动经济社会发展、改善民生的重要途径。李克强总理在 2015 年夏季达沃斯论坛上指出经济增长的新动能，就是我们正在致力推动的"大众创业、万众创新"。2017 年 4 月，习近平总书记在视察广西时再次强调指出，创新是引领发展的第一动力，创新和创业相连一体、共生共存。这些论断充分揭示了创新与创业的辩证统一关系，也深刻表明我们对创新创业的认识已经步入新阶段。近年来，"大众创业、万众创新"蓬勃发展，我们越来越认识到，它不是一个活动，而是一项事业；不是权宜之策，而是发展大计。"大众创业、万众创新"（以下简称"双创"）具有深刻的科学内涵，准确把握其内涵与实质，对于推动"双创"科学发展、促进中国经济转型升级与提质增效具有重要意义。

2.3.1 "双创"的本质特征

1. "双创"实质上是一个改革

"双创"是一个典型的新生事物，不可避免地给固有观念和现存制度带来冲击。"双创"不仅仅是推动大众参与创新创业，更是对已有体制机制、文化氛围的系列变革和重塑。"双创"实质上是一个改革，而且更强调政府的自我改革，着眼于用改革的方法释放市场的潜力，是理顺政府和市场关系的一次升华。

1）"双创"推动观念更新

"双创"在观念层面缩短了大众与创新创业的距离，是一场重大的理念变革。"观念"一词源自古希腊的"永恒不变的真实存在"，它同物质和意识、存在和思维的关系密切。在《辞海》中，"观念"有两层含义，一是思想意识，如破除旧的传统观念；二是客观事物在人脑里留下的概括的形象。通常而言，"观念"就是人们在长期的生活和生产实践当中形成的对事物的总体的综合的认识。它一方面反映了客观事物的不同属性，另一方面又加上了主观化的理解色彩。

受过去固有观念的影响，社会大众对于创新创业的理解还不够深入。例如，人们往往将创新与"爱迪生""科学家""做实验""写论文""发明""尖端与前沿""高科技"这些人名、场景与概念联系在一起，所形成的碎片化的图景造成了普通人距离创新很远的主观判断。再如，许多家长对子女的期望是找份好工作，而往往不倾向于子女自主创业，社会大众往往将创业看作不安分或者是找不到事、混不下去的被动选择，对创业的社会认可度较低。"双创"的推进，将"创"与"众"有机结合，使创新创业成为更多社会大众的选择。创新不是科学家和社会精英阶层的专利，也不是被束之高阁、晦涩难懂的专利和论文，它涉及新工艺和新产品的构思、开发与普及，是深入草根阶层的自主创新。创业不再是不务正业的代名词，而是值得尊敬的追求和更好人生价值的选择。在创新创业大浪潮中，社会对创新创业的认可度明显提升，尊重企业家、崇尚企业家精神的风气正快速形成，在观念层面缩短了大众与创新创业的距离。

2）"双创"推动制度创新

"双创"在制度层面拆除了大众与创新创业的藩篱，是一次深刻的制度变革。制度创新，本质上是通过设立新制度或改变旧制度，使已有的制度体系或规范更有利于社会实现持续发展和加速变革。它涵盖范围极广，既包括国家层面的宏观制度，也包括企业层面的微观组织；既包括经济体制方面，也包括政治、文化、法律等相关方面。制度创新与科技创新具有高度因果相关性。一方面，科技创新会深刻影响制度变革，催生新制度，诱发制度创新；另一方面，制度创新也会对科技创新产生促进作用，对创新主体产生激励，激发科技创新。

通常而言，只要是"创"就会遇到制度门槛，一旦"创"与"众"相结合，制度门槛会更加凸显。例如，对"创"而言，创业本身会遇到商事制度改革问题，创新会遇到监管体制问题和科技管理体制问题。一旦与"众"紧密结合，这些问题就会更加多元和复杂。再如，科研人员参与创业会涉及身份转换等科研管理体制问题，农民工参与创业会遇到户籍体制问题，海外人员参与创业会遇到移民管理体制问题，大学生参与创业会遇到学籍管理体制问题。"众"不仅指群体，还指创新创业方式和业态的多元。再如，对共享经济新业态，制度改革涉及如何探索包容而有效的审慎监管方式，引导和支持其健康发展。因此，"双创"必须要坚持改革推动，以市场活力和社会创造力的释放促进生产力水平迈上新台阶、开辟就业新空间、拓展发展新天地，通过政府放权让利的"减法"来调动社会创新创造热情的"乘法"。

"双创"将"放管服"改革作为全面深化改革的突破口，推动垄断行业改革，实施市场准入负面清单制度，出台互联网市场准入负面清单，放宽民间资本市场准入，扩大服务领域开放，推进非基本公共服务市场化、产业化和基本公共服务供给模式多元化。深化科技体制改革，将财政资金支持形成的，不涉及国防安全、国家安全、国家利益、重大社会公共利益的科技成果的使用权、处置权和收益权，全部下放给符合条件的项目承担单位。深化高等学校创新创业教育改革，实行弹性学制，放宽学生修业年限，探索启发式、讨论式、参与式小班化教学和非标准答案考试，将创新实验、发表论文、获得专利和自主创业等情况折算成学分，把参与课题研究、项目实验等活动认定为课堂学习。同时，选择基础较好地区开展试点示范，在京津冀、上海、广东、安徽、四川、武汉、西安和沈阳八个区域系统推进全面创新改革试验，在全国布局120家"双创"示范基地，鼓励在信用体系建设、知识产权保护、人员自由流动、科技成果转移转化等方面先行先试，倒逼各级政府不断提升现代化治理水平。

3）"双创"汇聚共创改革的大众力量

通过让大众参与改革、用改革回应大众，"双创"形成了共创改革的大众力量，为进一步理顺政府与市场关系创造了条件。一方面，尊重和发挥大众的首创精神；另一方面，推出符合民众期待的制度改革，提升改革的有效性与合意性。总体来看，"双创"依靠市场内在动力和群众激情，促使政府换角度、换思维、换观念，理顺与市场的关系。

作为一个处于赶超阶段的转型大国，自上而下的制度创新占据了主要地位，也发挥了巨大作用。但随着社会主义市场经济不断完善，制度创新也应更加重视自下而上，我国改革已步入深水区，有许多险滩、激流和暗礁，需要万众一起创，一起改。"双创"在改革路径方面更突出将自上而下与自下而上的路径有机结合。尽管推动"双创"的诸多改革举措是通过政府强制手段颁布实施的，但从着眼点来看都是回应群众在创新创业过程中遇到的困难，有的还是对地方改革的追认并将其上升至国家层面予以统筹推进。例如，出行领域出现的市场化运营的分享型出行平台，实质上是市场主体倒逼交通管理体制变革的体现，在经历不断博弈之后，相关平台的运营更加规范，并成为分享经济发展中一个十分耀眼的领域。在科技成果转化领域，各地围绕现有法律在成果所有权方面尚有探索空间的前提下进行大胆尝试，也取得了可圈可点的成果。在改革的过程中，制度创新是否合意，关键是比较创新的成本和收益，制度供给与制度需求的耦合程度是影响两者关系的重要因素。当耦合较差时，社会主体对新的制度供给会产生抵制，执行力度会明显削弱，制度供给的有效性会明显降低，制度创新的成本会大幅升高。"双创"打通了自下而上的制度创新路径，既立足统筹国家全局，又着眼回应基层关切，大幅提升了制度创新的合意性和制度供需的耦合性，从而使制度变迁的成本大幅降低。从这个角度来看，"双创"很好地结合了强制性制度变迁与诱致性制度变迁两者的优点。这种结合的另一优点是有利于汇聚大众力量，防止改革陷入路径依赖。制度理论认为，由于规模经济、学习效应等正反馈机制的存在，制度变迁往往具有路径依赖特征。改革开放以来，中国的巨大变化为宏观制度的改革和完善提供了基础和资源，但既有的制度框架和特点会形成制度变革的路径依赖。人民群众是最富创造力的历史主体，当"众"与"创"充分结合，将会衍生出无数的新方向、新模式、新内容，这些新生事物会对已有制度不断构成挑战和冲击。只要存在不断改进的制度变迁，制度惰性与被锁定的风险就会大大降低。党的十八大以来，我国以行政审批体制改革为突破口，加快完善社会主义市场经济体制，有效地激发了经济发展活力。坚持简政放权，全方位释放市场潜力。"双创"涉及的改革领域很多，如科技体制、国企改革，但最直接的是行政审批体制改革。为了推动"双创"，本届政府成立伊始就积极实施结构性改革，以行政审批体制改革为突破口，通过简政放权、放管结合、优化服务，不断降低创新创业的门槛，破除不利创新创业的制度瓶颈与政策障碍，同时采取措施有针对性地扶持大数据、云计算、电子商务等新技术、新业态。事实表明，推进"双创"，强化"放管服"改革，使众创、众包、众扶、众筹等一大批新模式得到了广泛应用。

2."双创"核心在"众"、关键在"创"

把握"双创"的科学内涵，关键在准确理解"创"与"众"。其中，"创"是创新和创业，"众"是广大人民群众。前者揭示了人民大众参与的内容，后者指明了参与创新创业的主体。"创"是"众"的灵魂，是首要因素，缺少了"创"，"众"就难以获得持续推动人类社会进步的力量。"众"是"创"的载体，是关键的、不可缺的力量，离开了"众"，"创"的红利就难以被真正释放和扩散。"创"与"众"有机结合，是以广大人民群众为主体、以创新创业为动力的发展转型，是对经济增长规律认识的不断深化，是我国发展历程中的一场深刻变革。

1）"众"是"创"的载体

"众"，就是集众智汇众力，这里至少有三层含义，一是指代表亿万人民大众的各类参与群体，使万众、大众成为创新的主体，使人人皆可创新，创新惠及人人；二是指集众智、汇众力的参与途径，通过互联网、大数据等现代技术把千千万万"个脑"联结成创造力强大的"群脑"；三是指众创、众包、众扶、众筹等参与方式，通过构建最广泛的人人参与、人人尽力、人人享有的"双创"平台，最大限度地激发人民群众无穷的智慧和力量。它既反映出社会大众参与创新创业主体的多元化，也折射出社会大众参与创新创业方式的多元化。在更深的层面上，它体现出对经济增长规律认识的不断深化，表明了我国发展正在经历一场深刻变革。

首先，"众"表明"双创"的参与群体呈现多元化特征。尽管创业并不适合所有人，创新也并非所有人都能实现，但应该让更多人拥有创新创业的能力、机会与动力，以促使更多有才能的人通过参与创新创业在优化资源配置上发挥作用。正如著名经济学家菲尔普斯在《大繁荣》中揭示的那样，"国家层面的繁荣源自民众对创新过程的普遍参与。它涉及新工艺和新产品的构思、开发与普及，是深入草根阶层的自主创新"。"双创"中的"众"，除了传统意义上的创业者外，还包括留学归国人员、科技工作者、大学生、返乡农民工等，也包含高校系、企业系、海归系等不同创业企业群落。

其次，"众"凸显"双创"的参与方式呈现多元化特征。大众参与创新创业的方式与技术和社会条件密切相关。在互联网普及和信息技术变革的时代，市场更加扁平化和去中心化，加上封闭式创新逐步转向以开源创新、平台创新为代表的开放式创新，个人接触市场需求、创新资源的能力大大增强，涌现出众创、众包、众筹、众扶等新的创新方式。另外，随着创业苗圃、孵化器、加速器等各具特色的众创空间大量涌现，众多新生企业有了较为完善的创新创业生态，企业、高校院所、中介机构等各类主体都可以立足自身优势不断拓展参与创新创业的渠道。

最后，"众"反映出对经济增长规律认识的进一步深化。一方面，在历经较长时期的快速增长后，国际国内竞争格局、供需结构和要素条件等都发生深刻变化，中国经济进入新常态。引领、适应经济新常态，关键是及时转换经济增长动力，从依靠要素投入的粗放型增长向依靠创新驱动的集约型增长转变。另一方面，在利用后发优势实现高速增长后，不可能像过去那样依靠引进技术来谋求更高层次的发展，必须将发展的主要立足点转移到依靠自主创新和科技进步上来，加快实施创新驱动发展战略。而创新驱动实质上是人才驱动，"双创"中的"众"正是集聚各类人力资源的重要途径。从依靠物质资源向依靠人力资源转变，从依赖单纯的人口数量红利向释放人力资源红利转变，体现出对经济增长规律认识的不断深化，也凸显我国发展正在经历一场深刻变革。正如李克强总理所指出的，要用好我国人力资源这个最丰富的"本钱"，中国有 1.7 亿受过高等教育和拥有高技能的人才，与 8 亿左右的劳动力结合起来，能创造的财富、激发的能量是难以估算的，也会给市场带来巨大的机遇。

2）"创"是"众"的灵魂

2015 年，李克强总理在《政府工作报告》中明确提出，打造"大众创业、万众创新"和增加公共产品、公共服务"双引擎"。"双创"之所以能承担起引擎的重任，关键在于拥有"创"的灵魂。"创"，即创新与创业，核心内涵是要推进以科技创新为核心的全面创新和以机会型创业为主的各类创业，让创新渗透到社会生产生活的方方面面，通过成立新企业催生新兴产业、改造传统产业、扩大就业规模、提升就业质量。通过"创"，释放全社会的创造热情和创造活力。

"双创"中的"创新",是以科技创新为核心的全面创新。这里有三层重要的含义。一是强调科技创新为核心。科技创新始终是推进人类社会进步的关键动力,也是促进经济持续发展的不竭源泉。自近代科学诞生以来,人类经历两次科学革命和三次产业革命。在历史进程中,英国抢抓以蒸汽机的发明和广泛应用为标志的第一次产业革命的先机,成为当时的世界强国。美国、德国赶上以电力技术为应用标志的第二次产业革命,跻身当时的强国行列。在以晶体管发明为标志的第三次产业革命中,日本搭上了工业化和现代化的快车,成为工业强国。大量事实表明,正是西方发达国家抓住了科技革命的历史性机遇,才率先实现了工业化和现代化。二是强调推进全面创新。创新从来就不是只有科技创新这一个类别。《"十三五"规划纲要》不仅提出了创新发展理念,还提出了全面创新的思想,即"必须把创新摆在国家发展全局的核心位置,不断推进理论创新、制度创新、科技创新、文化创新等各方面创新,让创新贯穿党和国家一切工作,让创新在全社会蔚然成风"。因此,创新不只属于科学家、社会精英等小众群体,也需要社会大众的广泛参与。著名的美国经济学家熊彼特认为,创新就是把一种全新的生产要素和生产条件的新组合引进生产体系。他的定义囊括了五类创新,其中有三类是非技术型创新。熊彼特对创新的主要分类及其含义如表 2.2 所示。三是强调各类创新的互动。制度创新与科技创新的互动具有重要意义。一方面,科技创新会深刻影响制度变革,催生新制度,诱发制度创新;另一方面,制度创新也会对科技创新产生反作用,对创新主体产生激励,激发科技创新。著名制度经济学家诺斯在《西方世界的兴起》中明确指出,"有效率的经济组织是经济增长的关键,一个有效率的经济组织在西欧的发展正是西方兴起的原因所在"。因此,推动"双创"向纵深发展,需要发挥制度在影响经济主体行为和经济发展路径方面的重要作用,以制度创新激发理论创新、科技创新与文化创新,将制度创新作为实现引领型发展的重要突破口。

表 2.2　熊彼特对创新的主要分类及其含义

类　　型		含　　义
技术性创新	产品创新	采用一种新产品,也就是消费者还不熟悉的产品或一种产品的新特性
	工艺创新	采用一种新的生产方法,也就是在有关的制造部门中尚未通过经验检定的方法,这种新的方法不需要建立在科学上新的发现的基础之上,并且也可以存在于商业上处理一种产品的新的方式之中
非技术性创新	市场创新	开辟一个新的市场,也就是有关国家的某一制造部门以前不曾进入的市场,不管这个市场以前是否存在过
	资源配置创新	掠取或控制原材料或半制成品的一种新的供应来源,也不问这种来源是已经存在的,还是第一次创造出来的
	组织创新	实现任何一种工业的新的组织,比如造成一种垄断地位(例如通过"托拉斯化"),或打破一种垄断地位

注:"组织创新"也可以看作制度创新。

"双创"中的"创业",是以机会型创业为主的各类创业,如表 2.3 所示。由于研究角度不同,学界对"创业"如何定义一直存在分歧。《全球创业观察》(GEM)报告中将"创业"定义为"任何个人、群体或已成立的企业,以自我雇佣、新型企业组织或是发展现有企业的形式,成立新企业或是新的风险投入的尝试"。对创业的分类可根据动力来源、组织形式、创业发端、创业过程与创新程度来分。其中,机会型创业指为了追求一个商业机会而从事创业的创业活动。相比生存型创业,机会型创业不仅能解决自己的就业问题,还能解决更多人的就业问题。另外,它还着眼于新的市场机会,拥有更高的技术含量,有可能创造更大的经济效益,从而改善经济结构。在此基础上，科学认识"双创"中的"创业"还需要把握三点。一是鼓励大众创业是希望更多人拥有创业精神、发现创业机会、实现人生价值。创业活动具有极高的风险，往往需要创业者具备相应的条件和能力。鼓励大众创业甚至是全民创业，不是让所有人都放下手中的工作去创业，更不是让所有人不计条件、不顾失败地去创业，而是希望更多人拥有创业精神，把创业当作一种人生的选择。事实上，所有个体的成长（包括个人的成长和企业的成长）都是一个"创业"的过程。通过激发创业热情，有利于引导更多人提升"发现创业机会、实现人生价值"的能力。二是创业既包括创办新企业，也包括企业内部创业。创办新企业是反映创业活动的重要标志。大量新企业的产生，必然带来更为激烈的竞争，从而对已有企业形成挑战，促进市场的充分竞争。在中国，不论是国有企业通过改革实现涅槃重生，还是平台企业实施内部创业形成企业生态圈，都离不开企业家的创业精神，离不开创业驱动的企业成长。因此，创业不仅是初创企业的事，也与大企业息息相关。三是既要鼓励机会型创业，又要正视其他类型创业存在的积极意义。以动力来源来分，机会型创业建立在创业者发现某些创业机会的基础之上，新的商机可能来自经济体制变革、科学发明的出现、新技术的应用等。鼓励机会型创业，就是引导更多社会大众去发掘和识别创业机会，用好体制红利与科技红利。此外，其他类型创业也有积极意义。例如，生存性创业是创业者为了谋生存而发起并实施的，在推进供给侧结构性改革的去产能过程中，部分下岗职工自谋职业求得生存即属于这一类型，它有助于稳定就业并助力脱贫攻坚。

表 2.3　创业的主要分类

维　　度	外　　类
动力源	生存型创业、机会型创业、兴趣型创业
组织形式	独立创业、加盟创业与企业内部创业
创业发端	商业机会驱动型创业、创意驱动型创业
创业过程与创新程度	复制型创业、模仿型创业、安定型创业与冒险型创业

3）"双创"体现创新模式演化的最新进展

"双创"是一种"众"与"创"相结合的创新模式，它的产生具有深刻的时代背景和内在机理，是新一代信息技术发展导致组织更加去中心化、知识获取成本更低的结果，也是基于市场主体内生驱动形成的创新形态，这种模式具有内在的逻辑自洽性，体现了创新模式演化的最新进展。

以企业技术创新过程为例，它涉及创新构思产生、研究开发、技术管理与组织、工程设计与制造、用户参与及市场营销等一系列活动，现实中这些活动相互联系，有时需要循环交叉或并行操作。罗斯威尔在系统总结产业创新模式的基础上，根据不同历史时期的产业技术创新的特点，提出了五代创新模式。技术创新过程模式的演进如表2.4所示。在第五代创新过程模式中，罗斯威尔虽然注意到了信息技术的重要作用，但重点关注的是企业组织构建起来的正式网络，即具有契约性质的研发合作、市场营销网络，受当时客观历史局限，对以大众为主体的非正式网络缺少足够的重视。近年来外部环境的变化导致创新所依赖的知识转移的基础发生了改变，信息技术发展导致组织更加去中心化，企业边界日益模糊，信息经济提升了大众获取知识、应用知识和扩散知识的能力，大众既是创新的供给者又是创新的需求者，"众"

与"创"相结合的创新模式反映了创新模式演化的最新进展。

"众"与"创"相结合的创新模式，是企业竞争逐渐加剧、互联网技术日益成熟、个体创新能力不断提高和顾客需求趋于个性化等多种因素共同作用的结果。但最重要的因素是以互联网为代表的信息技术的发展及由此形成的信息经济。

表2.4　技术创新过程模式的演进

时　间	模　式	描　述
第一代 （20 世纪 50 年代至 60 年代中期）	技术推动型	半导体、电子信息、新材料等新技术的突破和商业化，出现大量新产业和新的商业机会
第二代 （20 世纪 60 年代后期至 70 年代中期）	市场拉动型	企业高度关注利用技术扩大市场份额，更加重视迎合需求
第三代 （20 世纪 70 年代后期至 80 年代中期）	技术与市场耦合互动型	企业与技术广泛结合在一起形成交互
第四代 （20 世纪 80 年代后期至 90 年代初期）	并联型	广泛学习日本企业在"集成"与"并行开发"方面的经验
第五代 （20 世纪 90 年代中期至今）	混联（或网络）型	企业研发更强的系统集成和网络化特征，包括更紧密的企业间的横向与纵向联系

一方面，信息技术发展导致组织更加去中心化，使企业边界日益模糊，为大众创新创业创造了条件。在传统工业时代，企业十分倾向于采用基于分工的纵向一体化组织结构，如 U 型（按生产、销售等职能划分）、M 型（事业部门的组织结构）和矩阵式组织（按智能或项目划分）等。但在信息经济时代，外部环境的变化日趋频繁，产品和服务的种类极大丰富，市场需求已经达到相对饱和状态。此时，平台会成为企业组织的重要形式，团组化会成为企业组织的发展趋势，用好网络效应也会成为企业的重要战略。例如，外部平台将成为吸纳分包商、销售商、竞争对手、基础设施和潜在客户等所有元素的重要载体，内部平台会将企业的所有单位纳入同一系统中，同时涌现出团队型组织、虚拟型组织、民主型组织、战略联盟组织，有助于企业更加扁平化发展和高效运转。诸如传真机、Windows、TCP/IP、网络游戏、ATM 机和许多电脑软件等，都在不断重复着越普及价值越高的自我反馈。尤其是在网络经济中，数量越多越充分，其价值也越高。这一现实要求企业优先发展平台，让企业内外、客户是否忠诚的界限模糊，仅剩线上与线下的差别。平台的价值在于平台上所承载的大众规模，大众成为集生产和消费功能于一体的产销者，并获益于平台规模的指数化增长。

另一方面，信息经济改善了大众获取知识、应用知识和扩散知识的能力，大众既是创新的供给者又是创新的需求者。知识管理的相关理论认为，信息是以有意义的形式加以排列和处理的数据，信息必须经过加工、处理并应用于生产，才能转变为知识。但知识本身具有显性知识和隐性知识之分，前者易于编码和传递，后者很难编码和传递。互联网的普及使大众获取知识的难度大幅降低，尽管信息过载现象日益突出，但特定过滤与搜索技术的匹配也使获取知识的有效性大幅上升。随着新一代信息技术的加速创新迭代，互联网还改善了人类的知识交互模式，摆脱了纯文本知识的高度显性约束，通过音频、视频等手段大大改善了知识传递效率，这些变化对于需要频繁交流的隐性知识的传播更具有重要意义。借助互联网平台和开源社区，大众获取、应用与扩散知识的渠道和方式更加多元，为大众创新能力的提升创造了有利条件，使大众从原来单纯的创新需求者演变成为兼具创新供给与创新需求的双重角色。

2.3.2 "双创"促进个人价值实现与国家繁荣富强

国家的繁荣在于人民创造力的发挥，经济的活力来自就业、创业和消费的多样性。推动"双创"就是要让更多人在实现人生价值的同时，汇聚起实现中华民族伟大复兴的中国梦的磅礴力量。"双创"把富民强国作为依归，着眼于个人价值实现与国家繁荣发展，是对实现中华民族伟大复兴的中国梦的路径诠释。

1. "双创"促进纵向流动与机会公平

让群众来创造财富，是"众创"的生命力所在。从历史的角度看，本轮"双创"呈现主体更多元特征，尤其是返乡农民工创业、大学生创业等，为各类创新创业者提供更加公平的机会和通畅的上升通道，特别是让青年人有广阔的空间驰骋，让更多人通过自己的努力富起来。这有助于调整收入分配结构，促进社会公平，也会让更多年轻人，尤其是贫困家庭的孩子有更多的实现人生价值的机会，体现了中国梦是人民的梦。

自改革开放以来，我国先后出现了三次大规模的创业浪潮。第一次出现在20世纪80年代，随着农村改革和城市经济体制改革，以及对外开放的启动，形成了农民、返乡青年为主体的创业浪潮，乡镇企业和民营企业异军突起，成为经济发展的强大推动力。第二次出现在20世纪90年代，随着社会主义市场经济体制改革目标的确立，广大人民群众的创业积极性被全面激发，掀起了以大量在职人员辞职下海为主要特点的经商创业浪潮。第三次出现在21世纪之初，全球互联网经济孕育兴起，中国加入世贸组织后对外贸易和利用外资规模迅速扩大，开启了网络创业时代。现在，许多互联网企业的先驱都是在这一时期开始创业的。

与前几个阶段不同，当前我国掀起新一轮创新创业高潮，它并不是以某一类人群创新创业为主，而是顺应经济社会发展程度和人民生活水平提高所产生的个性化、多样化需求，伴随不断涌现的电子商务等新产业、新产品、新业态和新商业模式而进行的创业，是一种多层次、多方式的创业。它不仅包括科技人员、大学生、返乡农民工等各类人群通过创办企业、个体经营等多种方式开展的创业活动，还包括大企业、大集团的内部创业。一方面，它创造出大量就业机会和致富机会，促进了社会的纵向流动；另一方面，它也成为收入分配改革和促进社会公正的切入点，促进了机会公平的实现。

2. "双创"培育壮大经济发展新动能

当前这一阶段的创新创业主要是顺应当前互联网技术广泛应用，创新门槛迅速降低的时代背景，"双创"与我国经济社会各方面高度融合，不断壮大经济发展新动能，成为我国经济发展模式转变的重要途径，是对实现中华民族伟大复兴的中国梦的路径诠释。

与第一、二次创业浪潮单纯以实体创业为主不同，当前的"双创"不局限于实体创业，更多地涌现出大量的网络创业；与第三次单纯以网络创业为主不同，当前的"双创"在进一步推进网络创业的同时，也在激励实体创业的互联网化。因此，与前几次创业浪潮相比，当前的"双创"表现形式十分丰富。在创业方面,既包括依托互联网的线上创业,也包括传统的线下创业,还包括线上与线下之间的融合创业。"双创"已经覆盖第一、二、三产业,不仅促使传统行业企业积极与新技术新模式融合,还通过众创、众包、众扶、众筹等方式创造新需求,实现新供给。既在服务业大显身手,也在制造业彰显威力,以信息化、绿色化、智能化为发展方向,推动产业向形态更高级、分工更优化、结构更合理的阶段演化,培养新技术、新产业、新业态和新模式,推动经济发展方式从传统的要素驱动、投资驱动向创新驱动转变,形成新经济。

"双创"催生了一大批从无到有的新动能。被誉为中国新四大发明的"高铁、支付宝、电子商务、共享单车"已经代表着中国创新的新名片并走出国门。中国修建的高铁线路已经相继出现在土耳其、俄罗斯、泰国、匈牙利、塞尔维亚等国家,并还将陆续登陆欧美等发达国家;中国的支付宝实现在200多个国家和地区用18种货币进行移动支付,中国的微信支付覆盖14个国家和地区并支持10种货币结算,中国在迈向"无现金社会"方面的进展速度超过西方多数发达经济体;中国已经成为全球最大、发展最快的电子商务市场;中国的共享单车登陆新加坡、英国、意大利、美国和哈萨克斯坦等国。未来十年,中国还将在机器人、无人机、绿色科技和人工智能等一系列领域实现更多突破。

3. "双创"践行以人民为中心的发展思想

"坚持以人民为中心"是习近平新时代中国特色社会主义思想的重要内容,也是新时代坚持和发展中国特色社会主义的基本方略。习近平总书记指出,坚持以人民为中心的发展思想,是马克思主义政治经济学的根本立场。要坚持把增进人民福祉、促进人的全面发展、朝着共同富裕方向稳步前进作为经济发展的出发点和落脚点,部署经济工作、制定经济政策、推动经济发展都要牢牢坚持这个根本立场。"双创"着力激发个体的创造性,让群众来创造财富,走的是群众路线,紧密切合"以人民为中心的发展思想"的思想内核和实践方向,是以人民为中心的发展思想的生动实践。

首先,"双创"体现"发展为了人民"。"双创"蕴含促进人的全面发展的理念,把创业、创新和人民群众结合起来,实际上就是尊重每个人的智慧和尊严,使他们都能够有机会充分发挥自己的潜能和特长。其次,"双创"体现"发展依靠人民"。"双创"是新时期经济领域走群众路线的具体化,是从群众立场出发提出的新理念、新理论。"双创"走的是群众路线,秉持的是发动群众、依靠群众、相信群众的基本理念。创新创业不只属于科学家、社会精英等小众群体,也需要社会大众的广泛参与,创新创业需要集众智、汇众力,使万众、大众成为创新的主体,这些都充分体现出"双创"蕴含着人民创造历史的唯物史观。最后,"双创"体现"发展成果由人民共享"。人人参与、人人尽力、人人享有,是共享发展的要求,也是"双创"的应有之义。"双创"是机会公平、权利公平的具体化,是收入分配改革和促进社会公正的切入点,让每个人都有全面发展的机会,充分释放内在潜力,为创新创业者提供更加公平的机会和通畅的上升通道,让更多人通过自己的努力富起来。

2.4 建设美丽中国

习近平总书记指出，绿水青山就是金山银山。建设生态文明关系人民福祉，关乎民族未来，是实现中华民族伟大复兴的重要战略任务。党的十八大提出了中国特色社会主义"五位一体"总体布局，以习近平同志为核心的党中央把生态文明建设摆在改革发展和现代化建设全局位置，坚定贯彻新发展理念，不断深化生态文明体制改革，推进生态文明建设的决心之大、力度之大、成效之大前所未有，开创了生态文明建设和环境保护新局面。党的十九大明确了到21世纪中叶把我国建设成为富强民主文明和谐美丽的社会主义现代化强国的目标，十三届全国人大一次会议通过的宪法修正案，将这一目标载入国家根本法，进一步凸显了建设美丽中国的重大现实意义和深远历史意义，进一步深化了我们党对社会主义建设规律的认识，为建设美丽中国、实现中华民族永续发展提供了根本遵循和保障。

2.4.1 坚持人与自然和谐共生

生态文明是人类社会进步的重大成果，是实现人与自然和谐共生的必然要求。建设生态文明，要以资源环境承载能力为基础，以自然规律为准则，以可持续发展、人与自然和谐为目标，坚定走生产发展、生活富裕、生态良好的文明发展道路，建设美丽中国。

人与自然的关系是人类社会最基本的关系。自然界是人类社会产生、存在和发展的基础和前提，人类可以通过社会实践活动有目的地利用自然、改造自然，但人类归根到底是自然的一部分，人类不能盲目地凌驾于自然之上，人类的行为方式必须符合自然规律。人与自然是相互依存、相互联系的整体，对自然界不能只讲索取不讲投入，只讲利用不讲建设。保护自然环境就是保护人类，建设生态文明就是造福人类。

生态兴则文明兴，生态衰则文明衰。古今中外，这方面的事例很多。恩格斯在《自然辩证法》一书中写道："美索不达米亚、希腊、小亚细亚及其他各地的居民，为了得到耕地，毁灭了森林，但是他们做梦也想不到，这些地方今天竟因此而成为不毛之地。"对此，他深刻指出："我们不要过分陶醉于我们人类对自然界的胜利。对于每一次这样的胜利，自然界都对我们进行报复。"我国史料记载，现在植被稀少的黄土高原、渭河流域、太行山脉也曾森林遍布、山清水秀、地宜耕植、水草便畜。由于毁林开荒、乱砍滥伐，这些地方生态环境遭到严重破坏。塔克拉玛干沙漠的蔓延，湮没了盛极一时的丝绸之路。楼兰古城因屯垦开荒、盲目灌溉，导致孔雀河改道而衰落。实践证明，人类对大自然的伤害最终会伤及人类自身。只有尊重自然规律，才能有效防止在开发利用自然上走弯路，这个道理要铭记于心，落实于行。

我们党一贯高度重视生态文明建设。20世纪80年代初，保护环境已成为基本国策。进入21世纪，又把节约资源作为基本国策。经过40多年改革开放的快速发展，我国经济建设取得历史性成就，同时也积累了大量生态环境问题，成为明显的短板。各类环境污染呈高发态势，成为民生之患、民心之痛。近年来，随着社会发展和人民生活水平不断提高，人民群众对干净的水、清新的空气、安全的食品、优美的环境等要求越来越高，生态环境在群众生活幸福指数中的地位不断凸显，环境问题日益成为重要的民生问题。老百姓过去"盼温饱"，现在"盼环保"；过去"求生存"，现在"求生态"。习近平总书记反复强调，环境就是民生，青山就是美丽，蓝天也是幸福，绿水青山就是金山银山；像保护眼睛一样保护生态环境，像对待生命一样对待生态环境；绝不能以牺牲生态环境为代价换取经济的一时发展。

社会主义现代化是人与自然和谐共生的现代化，既要创造更多物质财富和精神财富以满足人民日益增长的美好生活需要，也要提供更多优质生态产品以满足人民日益增长的优美生态环境需要。必须坚持节约优先、保护优先、自然恢复为主的方针，形成节约资源和保护环境的空间格局、产业结构、生产方式、生活方式，努力建设望得见山、看得见水、记得住乡愁的美丽中国。

2.4.2 树立和践行"绿水青山就是金山银山"理念

金山银山和绿水青山的关系，归根到底就是正确处理经济发展和生态环境保护的关系。这是实现可持续发展的内在要求，是坚持绿色发展、推进生态文明建设首先必须解决的重大问题。有人说，发展不可避免会破坏生态环境，因此发展要宁慢勿快，否则得不偿失；也有人说，为了摆脱贫困必须加快发展，付出一些生态环境代价也是难免的、必需的。这两种观点把生态环境保护和发展对立起来了。

习近平总书记很早就用金山银山、绿水青山做比喻，生动形象、入木三分地阐明了经济发展与环境保护之间的辩证关系，提出了"绿水青山就是金山银山"的重要理念，为我们建设生态文明、建设美丽中国提供了根本遵循。绿水青山是人民幸福生活的重要内容，是金钱不能代替的，绿水青山和金山银山绝不是对立的，关键在人，关键在思路。一些地方生态环境资源丰富又相对贫困，更要通过改革创新，探索一条生态脱贫的新路子，让贫困地区的土地、劳动力、资产、自然风光等要素活起来，让资源变资产、资金变股金、农民变股东，让绿水青山变金山银山。

绿水青山就是金山银山的理念，具有重大理论价值和实践价值。人类要过上更好的生活，需要发展经济。过去认为生产农产品、工业品、服务产品的活动才是经济活动，才是发展。但是人类除了对农产品、工业品和服务产品有需求外，还需要生态产品，需要清新的空气、清洁的水源、舒适的环境。过去之所以没有将这些生态产品定义为产品，没有将提供生态产品的活动定义为发展，是因为在工业文明之前及工业文明的早期，生态产品是无限供给的，是不需要付费就可以自然而然得到的。现在，能源紧张、资源短缺、生态退化、环境恶化、气候变化、灾害频发，清新空气、清洁水源、舒适环境越来越成为稀缺的产品。例如，生产农产品需要耕地，提供生态产品也需要耕地。生态产品的耕地就是森林、草原、湿地、湖泊、海洋等生态空间，只有保护好这些生态空间，才能提供更多优质生态产品。人民群众对生态产品的需要提出了新的更高要求，这就必须顺应人民群众对优美生态环境的新期待，把提供生态产品作为发展应有的内涵，为人民提供更多蓝天净水。

自然是有价值的，保护自然就是增值自然价值和自然资本的过程，就是保护和发展生产力，理应得到合理回报和经济补偿。党的十八届三中全会提出编制自然资源资产负债表，党的十九大提出建立市场化、多元化生态补偿机制，就是要探索生态产品价值的实现方式，探索绿水青山变成金山银山的具体路径。

树立和践行绿水青山就是金山银山的理念，必须正确处理好经济发展同生态环境保护的关系。经济发展不应是对资源和生态环境的竭泽而渔，生态环境保护也不应是舍弃经济发展的缘木求鱼，而是要坚持在发展中保护，在保护中发展，实现经济社会发展与人口、资源、环境相协调。要坚持和贯彻新发展理念，深刻认识保护生态环境就是保护生产力，改善生态环境就是发展生产力，坚决摒弃纵容牺牲生态环境换取一时一地经济增长的做法，让良好生态环境成为人民生活改善的增长点，成为经济社会持续健康发展的支撑点，成为展现我国良好形象的发力点，让中华大地天更蓝、山更绿、水更清、环境更优美，大踏步进入生态文明新时代。

2.4.3 推动形成绿色发展方式和生活方式

推动形成绿色发展方式和生活方式，是发展观的一场深刻革命。习近平总书记指出，"绿色发展，就其要义来讲，是要解决好人与自然和谐共生问题"。坚持绿色发展，推进生态文明建设，必须从源头抓起，采取扎扎实实的举措，形成内生动力机制。这就要求我们，必须坚定不移走绿色低碳循环发展之路，引导形成绿色发展方式和生活方式。

充分认识形成绿色发展方式和生活方式的重要性、紧迫性、艰巨性，把推动形成绿色发展方式和生活方式摆在更加突出的位置。要坚持走绿色发展道路，加快构筑尊崇自然、绿色发展的生态体系，谋求更佳质量效益，让资源节约、环境友好成为主流的生产生活方式，使青山常在、清水长流、空气常新，让人民群众在良好生态环境中生产生活，为子孙后代留下可持续发展的"绿色银行"。

推动形成绿色发展方式和生活方式，重点是推进产业结构、空间结构、能源结构、消费方式的绿色转型。要加快产业结构绿色转型，加快建立绿色生产和消费的法律制度与政策导向，建立健全绿色低碳循环发展的经济体系，构建市场导向的绿色技术创新体系，面向市场需求促进绿色技术的研发、转化、推广，用绿色技术改造形成绿色经济。要推进空间结构绿色转型，按照主体功能定位，优化空间结构，形成主要集聚经济和人口的城市化地区，主要提供农产品的农产品主产区，主要提供生态产品的生态功能区。对不同主体功能区要分别实行优化开发、重点开发、限制开发、禁止开发的策略。要促进能源绿色转型，推进能源生产和消费革命，构建清洁低碳、安全高效的能源体系，推进资源全面节约和循环利用，实施国家节水行动，降低能耗、物耗，实现生产系统和生活系统循环链接。要推动消费方式绿色转型，倡导简约适度、绿色低碳的生活方式，反对奢侈浪费和不合理消费，使绿色消费成为每一个公民的责任，从自身做起，从自己的每一个行为做起，自觉为美丽中国建设做贡献。

2.4.4　统筹山水林田湖草系统治理

大自然是一个相互依存、相互影响的系统。统筹山水林田湖草系统治理，归根到底是用什么样的思想方法对待自然，用什么样的方式保护修复自然的问题。山水林田湖草是一个生命共同体，人的命脉在田，田的命脉在水，水的命脉在山，山的命脉在土，土的命脉在树。如果种树的只管种树，治水的只管治水，护田的单纯护田，很容易顾此失彼，最终造成生态的系统性破坏。必须按照生态系统的整体性、系统性及其内在规律，统筹考虑自然生态各要素，包括山上山下、地上地下、陆地海洋及流域上下游等，进行整体保护、系统修复、综合治理。

统筹山水林田湖草系统治理，需要把加快推进生态保护修复作为一项重点任务。坚持保护优先、自然恢复为主，深入实施山水林田湖草一体化生态保护和修复。生态保护修复的工程与其他工程不同，应更多地顺应自然，少一些建设，多一些保护；少一些工程干预，多借用一些自然力。历史经验证明，过度的大规模工程措施对遏制生态退化的作用往往难以达到预期效果，有时甚至会适得其反。而一些依靠自然本身的修复能力，辅以少量人工措施的做法，往往能取得更好效果。通过划定生态圈保护区域，通过减少人类活动促进自然修复，使被割裂的生态系统逐渐连接起来，使原有的自然生态廊道恢复起来。对自然恢复也要有耐心，持之以恒，久久为功，不能一蹴而就。

加快推进生态系统保护和修复，需要优化生态安全屏障体系，构建生态廊道和生物多样性保护网络，提升生态系统质量和稳定性。建立全国统一的空间规划体系，完成生态保护红线、永久基本农田、城镇开发边界三条控制线划定工作，明确城镇空间、农业空间、生态空间，为各类开发建设活动提供依据。针对我国缺林少绿的国情，开展国土绿化行动，集中连片建设森林，继续推进荒漠化、石漠化、水土流失综合治理，强化湿地保护和恢复，加强地质灾害防治，为国土增添绿装，扩大退耕还林还草，恢复国土的生态功能。在坚持最严格的耕地保护制度基础上，针对耕地退化问题，扩大轮作休耕制度试点，使超载的耕地休养生息。建立政府主导、企业和社会各界参与、市场化运作、可持续的生态补偿机制。

2.4.5　实行最严格生态环境保护制度

建设生态文明，是一场涉及生产方式、生活方式、思维方式和价值观念的革命性变革。实现这样的变革，必须依靠制度和法治。习近平总书记反复强调，在生态环境保护问题上，就是要不能越雷池一步，否则就应该受到惩罚。只有实行最严格的制度、最严密的法治，才能为生态文明建设提供可靠保障。当前，我国生态环境保护中存在的突出问题大都与体制不完善、机制不健全、法治不完备有关。必须把制度建设作为推进生态文明建设的重中之重，加快生态文明体制改革，着力破解制约生态文明建设的体制机制障碍。

深化生态文明体制改革，需要尽快把生态文明制度的四梁八柱建立起来，把生态文明建设纳入制度化、法治化轨道。习近平总书记主持审定的《生态文明体制改革总体方案》，明确了以八项制度为重点，加快建立产权清晰、多元参与、激励约束并重、系统完整的生态文明制度体系。要构建归属清晰、权责明确、监管有效的自然资源资产产权制度，着力解决自然资源所有者不到位、所有权边界模糊等问题。构建以空间规划为基础，以用途管制为主要手段的国土空间开发保护制度，着力解决因无序开发、过度开发、分散开发导致的优质耕地和生态空间占用过多、生态破坏、环境污染等问题。构建以空间治理和空间结构优化为主要内容，全国统一、相互衔接、分级管理的空间规划体系，着力解决空间性规划重叠冲突、部门职责交叉重复、地方规划朝令夕改等问题。构建覆盖全面、科学规范、管理严格的资源总量管理和全面节约制度，着力解决资源使用浪费严重、利用效率不高等问题。构建反映市场供求和资源稀缺程度、体现自然价值和代际补偿的资源有偿使用和生态补偿制度，着力解决自然资源及其产品价格偏低，生产开发成本低于社会成本，保护生态得不到合理回报等问题。构建以改善环境质量为导向，监管统一、执法严明、多方参与的环境治理体系，着力解决污染防治能力弱、监管职能交叉权责不一致、违法成本过低等问题。构建更多运用经济杠杆进行环境治理和生态保护的市场体系，着力解决市场主体和市场体系发育滞后，社会参与度不高等问题。构建充分反映资源消耗、环境损害和生态效益的生态文明绩效评价考核和责任追究制度，着力解决发展绩效评价不全面，责任落实不到位，损害责任追究缺失等问题。

实践证明，生态环境保护能否落到实处，关键在领导干部。一些重大生态环境事件背后，都有领导干部不负责任不作为的问题，都有一些地方环保意识不强、履职不到位、执行不严格的问题，都有环保有关部门执法监督作用发挥不到位、强制力不够的问题。这就需要落实领导干部任期生态文明建设责任制，实行自然资源资产离任审计，认真贯彻依法依规、客观公正、科学认定、权责一致、终身追究的原则；针对决策、执行、监管中的责任，明确各级领导干部责任追究情形；对造成生态环境损害负有责任的领导干部，不论是否已调离、提拔或者退休，都必须严肃追责。最关键的是，各级党委和政府要高度重视、加强领导，纪检监察机关、组织部门和政府有关监管部门要各尽其责、形成合力、追责到底，决不能让制度规定成为没有牙齿的老虎。

2.4.6　工程生态观的基本思想

自 18 世纪的工业革命以来，人们一直都把工程现象理解为是对自然界的改造，是人类征服自然的产物。这种传统工程观是建立在工程具体技术功能和经济功能的片面认识上的，而对工程过程和运行的生态环境缺乏足够的关注，对工程与自然的辩证关系未予深刻反思。在20 世纪后半叶，面对生态环境质量迅速恶化的现实，人们在反思传统的工程观局限性的同时也在努力探索一种新的工程生态观。

工程生态观是在人类工程活动剧烈、技术手段多样、自然环境又变得脆弱的背景下理性反思的产物，这里既有对技术滥用的担忧，也有对合理利用技术的期望，更有对工程、技术、生态一体化设计的理想追求。工程生态观的基本思想包括以下几个方面。

1. 工程与生态环境相协调的思想

工程活动作为人与自然相互作用的中介，无论效果怎样，只能是"自然—人—社会"大系统中的一个角色。无论成就如何，它总不能超出规律的约束。人类在工程活动中应该尊重自然，承认自然存在的合理性和价值，把工程事物作为自然生态循环的一个环节，树立科学的工程生态观。做到工程的社会经济和科技功能与自然界的生态功能相互协调和相互促进。

2. 工程与生态环境优化的思想

从自然生态系统自身循环来看，任何工程活动都会干扰和影响自然生态自我运行，对环境造成后果。因此，人们就应当以对这些后果负责的态度，形成新的工程观，去指导工程活动进行环境优化和环境再造。一方面，将工程活动的负面影响控制在自然生态系统可以吸收消化的自我调节的限度之内，从而保证自然生态系统的良性循环。另一方面，通过工程活动对自然生态系统自身的盲目性、破坏性加以因势利导，为我所用，从而使工程活动在追求经济社会利益的同时能融合于自然生态循环中，以改善和优化生态环境。

3. 工程与生态技术循环的思想

生态循环技术要求在进行工程活动的技术选择过程中，考虑并吸收生态环境的要素，开发出能和生态环境相和谐的技术成果。人类的工程活动应该是各种绿色循环技术的集成，从要素上体现工程活动的生态性，真正实现工程活动是自然生态循环的一个环节，并符合生态环境自我运行规律。

4. 工程与生态再造的思想

人类的工程活动在引起自然环境破坏的同时，也孕育着保护环境的理念，会创造出优化环境和获得生态再造的新理念和新方式。因此，工程规划与设计应将工程活动的工程效应与生态效应和环境效应综合考虑，不仅使工程避免负面效应，而且要进一步通过工程建造优化生态环境，实现工程再造的生态良性循环。

第 3 章

设计工程文化

一项工程（一个产品）从开始到结束，一般要经历研究、开发、设计、制造、运行、营销、管理、服务和报废等阶段。先进的设计必须贯穿于工程的各个阶段。因此，设计是实实在在的工程，设计工程几乎涉及人类活动的全部区域。根据事物或产品的特殊性，可将设计分为工业设计、机械设计、产品设计、建筑设计等。从广义来讲，设计是指对达到未来目标的活动所做的规划。因而设计既是一种物质文化行为，也是一种艺术活动，作为科学技术商品化的载体，它源于文化并反作用于文化。

3.1 设计的历史发展

设计的发展一直与政治、经济、文化及科学技术水平密切相关，与新材料的发展、新工艺的采用互相依存，也受不同的艺术风格及人们审美爱好的直接影响。就其发展过程来看，设计的发展大体上可划分为古代、近现代和信息时代三个时期。

3.1.1 古代设计的变迁

1. 中国古代设计的变迁

中国有着光辉灿烂的文化与历史，在上下五千年的文明历史进程中，勤劳智慧的祖先们用他们的双手创造了光辉灿烂的设计文明。例如，在水利、建筑、园林、雕塑、青铜器、陶器、机械、铸造、交通工具等领域，留下了无数不朽的设计杰作，这些作品无一不渗透着中国传统设计文化的灵魂。

在原始时代和新石器时代，陶器是最具有代表性的设计形式之一，可作为水器、饮食器、储盛器及炊器等。陶器的设计与制作不仅赋予了器物物质功能，同时还激发了人类文明创造的灵感与精神。例如，马家窑彩陶瓶大多以泥条盘筑法成型，器表打磨得非常细腻，以纯黑彩和黑、红二彩相间或黑、红二彩并用的方式绘制花纹。马家窑文化的制陶工艺已开始使用慢轮修坯，并利用转轮绘制同心圆纹、弦纹和平行线等纹饰，表现出了娴熟的绘画技巧，彩陶图案的时代特点十分鲜明，图 3.1 所示为小口尖底瓶。

我国古代的青铜文化艺术，以夏、商、周三代的铜器为代表，其种类之丰富，造型之雄伟，文饰之精丽，铸造之精良，创意之高深，在人类青铜时代独具特色，它的光辉成就对推动世界文明的演变和进步，有着划时代的功绩和贡献。世界各地博物馆和美术馆，无不把中国青铜器作为馆藏重器。中国青铜器所达到的艺术境界，堪称空前绝后，佳妙至极。例如，河南安阳出土的后母戊鼎（如图 3.2 所示）为商周时期青铜器的代表作，是迄今世界上出土的最大、最重的青铜礼器，其造型优美、纹饰华丽、制作精巧，反映了中国青铜铸造的超高工艺和权力象征。

图 3.1　小口尖底瓶

图 3.2　后母戊鼎

秦汉时期是中国古代设计史发展的第一个高峰期。在科学技术方面，东汉时期张衡制造了世界上第一台测定地震方向的仪器候风地动仪，如图 3.3 所示。《后汉书·张衡传》记载："以精铜铸成，圆径八尺，合盖隆起，形似酒樽，饰以篆文山龟鸟兽之形，中有都柱，傍行八道，施关发机。外有八龙，首衔铜丸，下有蟾蜍，张口承之。其牙机巧制，皆隐在尊中，覆盖周密无际。如有地动，尊则振龙，机发吐丸，而蟾蜍衔之。振声激扬，伺者因此觉知。虽一龙发机，而七首不动，寻其方面，乃知震之所在。验之以事，合契若神。"上述记载描述足以表明张衡的设计佳妙至极。

此外，秦代陶塑兵马俑（如图 3.4 所示）闻名于世，雕塑的面部个性化特点增加了军阵的勃勃生气，工匠艺术家们在制做上采用模制和手捏结合的方法，运用贴塑、刻、划等技法，对不同人物的形象尽情地进行发挥与想象，创造出具有鲜明个性和强烈时代特征的艺术品。秦代陶塑兵马俑达到了泥塑艺术的顶峰。

图 3.3　候风地动仪　　　　　　　　　　图 3.4　秦代陶塑兵马俑

　　秦代铜器的设计制造也具有相当高的水平，形态质朴优美、比例精准，秦始皇陵墓出土的铜车马就是铜器中的设计精品，如图 3.5 所示。铜车马工艺上运用了铸造、焊接、镶嵌、销接、活铰连接、子母扣连接、转轴连接等各种技艺与技术，装饰上用细铜丝铰接而成的璎珞，颇似麻毛，同时运用错磨和彩绘相结合的工艺，大大增强了艺术效果，代表了秦代青铜铸造工艺的突出成就。

图 3.5　铜车马

　　汉末魏晋南北朝虽然是中国历史上政治最黑暗、社会最动荡的时代之一，但却是文化与科技最具有开创性的时代之一。这一时期的设计文化不再像汉代那样古拙、浑朴，也鲜见汉代谶纬神学影响下的神秘。魏晋南北朝时期在中国古代设计的发展史上，是一个十分重要的转折期，具有承上启下的重要作用，这一时期出现的新的文化特征深刻地影响着后世的设计文化。

　　魏晋南北朝时期的造物设计从风格上来讲与之前有着重大的改变。在审美上，更多地关注人自身的美。民族的融合与频繁交流，佛教的传入也为这一时期的设计注入了新鲜的血液与宗教色彩。在功能上，这一时期的设计因战事频繁与生活艰辛，器物的设计讲究实用，注重功效。从总体上来说，中国古代设计思想，历来是"重道抑器"的，但是魏晋南北朝时期的设计思想大体上却体现出一种"道"与"器"并举的局面。

　　魏晋南北朝时期，机械制造技术有了很大进步，出现了一位机械大师——马钧。他的突出成就是改进了织绫机和发明（或改进）了翻车。织绫机的改良简化，使其操作简易方便，提高了生产效率。这种新织绫机很快就得到推广应用，促进了丝织业的发展，如图 3.6 所示。

图 3.6　马钧改进的织绫机

在艺术创作与设计上，魏晋时期也取得了辉煌的成就。例如，云冈石窟（如图 3.7 所示）作为中国佛教艺术巅峰时期的艺术杰作，其布局设计严谨统一，按照开凿的时间可分为早、中、晚三期，不同时期的石窟造像风格也各有特色。早期的"昙曜五窟"气势磅礴，具有浑厚、纯朴的西域情调；中期的石窟则以精雕细琢、装饰华丽著称于世，显示出复杂多变、富丽堂皇的北魏时期艺术风格；晚期的窟室，人物形象清瘦俊美、比例适中，表达了一种超凡出世的审美倾向。

图 3.7　云冈石窟

隋唐时期是中国封建社会的鼎盛时期。唐代经济发达、文化繁荣，手工业也得到了长足的发展，手工艺、科技、建筑等方面空前繁荣。尤其隋唐建筑形成了完整的建筑体系。

例如，隋代赵州桥（如图 3.8 所示），由著名匠师李春设计建造，是世界上现存年代最久远、跨度最大、保存最完整的单孔坦弧敞肩石拱桥，距今已有 1400 多年的历史，赵州桥是科学与美学的完美结合。全桥设有一个大拱和四个小拱，大拱弧形桥洞如一张弓，由二十八道拱圈拼成，每道拱圈都能独立支撑上方重量，大拱两侧各有两个小拱，可节约石料、宣泄洪水、增强美观，以及减少桥身对桥台和桥基的垂直压力和水平推力，避免主拱圈变形，提高桥梁的承载力和稳定性。赵州桥是古代劳动人民智慧的结晶，开创了中国桥梁建造的崭新局面。

图 3.8　赵州桥

又例如，隋唐时期的长安城是当时世界上规模最大、建筑最宏伟、规划布局最规范的一座都城。其营建制度、规划布局的特点是规模空前、创设皇城、三城层环、六坡利用、布局对称、街衢宽阔、坊里齐整、形制划一、渠水纵横、绿荫蔽城、郊环祀坛。象天设都，依据天象星辰的位置布局都城中宫城、皇城与郭城众坊里，体现着天人合一与君权神授的神秘色彩。唐代都城长安城平面与遗址图，如图 3.9 所示。

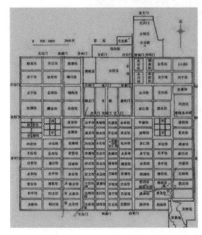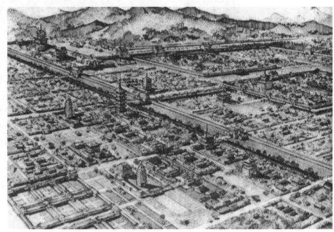

图 3.9　唐代都城长安城平面与遗址图

到了宋代，大唐的余威终于散尽。经过了五代短暂的纷争，宋代登上了中国的历史舞台。宋代重文轻武，文风盛行，手工业分工细化，科技生产工具非常发达。宋代艺术总体风格可用四字概括——典雅平正。其家具、陶瓷、漆器等，造型古雅、色彩纯净，并且内联天真，不事雕琢，以质朴取胜，追求含蓄美，给人清新淡雅之感。文化最直观的反应就在建筑上，宋代建筑没有了唐代建筑宏大壮阔的规模和霸绝天下、万国来朝的气势，取而代之的是体量较小，绚烂且富于变化，细致柔丽的风格，宋代还颁行了有关建筑设计和施工的规范书《营造法式》，此书反映了中国建筑在工程技术与施工管理方面已达到新的水平。宋代画家绘制的宋代都城如图 3.10 所示。

图 3.10　宋代画家绘制的宋代都城

在科学设计层面上，建成于宋代的大型天文仪器水运仪象台，堪称中国古代科学技术成就的代表作，如图 3.11 所示。这台仪器无论从规模还是精密程度，都达到了令人叹为观止的水平。其机械结构包括动力系统、传动系统、执行系统和辅助控制系统等，兼具天文观测、天象演示和报时的功能，代表了中国古代机械综合设计的最高成就。

图 3.11　宋代的大型天文仪器水运仪象台

明清时期是中国古代发展史上一个极其重要的阶段。其设计思想作为整个社会思潮的一部分，受到整个社会思想意识和哲学思想的支配。其中深邃的造物美学思想、优秀的设计传统和方法即使在今天仍然可以作为设计制作的基本法则，具有极其宝贵的借鉴和利用价值。明清时期的设计现象，主要体现在染织、陶瓷、家具、园林等方面。明清两代对外贸易比较发达，在输出的同时，也引进了一些阿拉伯和欧洲的工艺，加以模仿、吸收、消化，这些为明清时期工艺美术设计的发展，输入了新的血液。这一时期的设计文化，前后经历了549年的发展变化，形成了独特的风格和时代面貌。

明代是我国民族风格发展的成熟期，明初有复古之风，师法唐宋，但又受元的影响，其风格具有质朴敦厚的特色。此外，明代文人画的兴盛对明代工艺设计题材的丰富，技巧的提升有很大的帮助。文人士大夫参与工艺与建筑园林的指导、设计、建造，总结了许多设计原理和制作方法，对后世有极大的指导意义。工艺理论家宋应星的手工艺专著《天工开物》，是一部明代手工业的重要著作，被国外誉为"中国十七世纪的工艺百科全书"。

例如，其中极具有代表性的就是明式家具。明式家具通常是指明代，特别是明中后期至清前期的家具，具有鲜明的工艺特色和制作风格，如图3.12所示。又如，景德镇的陶瓷，明代以来，景德镇已成为全国制瓷的中心。明代景德镇瓷器取得较为突出成就的代表是明代青花瓷，如图3.13所示。

图 3.12　明式家具

图 3.13　明代青花瓷

清代设计主要以繁华为主，中国在那个时间段是世界的主要经济体，人民生活富裕，有足够的经济和能力来进行艺术的创造。清代工艺设计由于造型的奇巧、装饰的繁缛、色彩的艳丽、制作的精致，形成了一种贵族化的艺术风格，取得了独特的成就，并自成体系。但由于过分追求繁缛精致，不免流于繁琐堆砌，艺术格调大打折扣，为技术而技术，匠气徒增。

例如，珐琅彩始制于康熙，乾隆时期最为极盛，其所用彩料，色泽晶莹，质地凝厚，用作装饰，花纹有微凸堆起之感。因珐琅彩多宫廷秘玩，装饰画法极为精细，追求华美艳丽，颇具宫廷气，如图3.14所示。

在建筑上，清代建筑群实例中，群体布置与装修设计水平已达成熟。尤其是园林建筑，在结合地形或空间进行处理、变化造型等方面都有很高的水平。这一时期，建筑技艺仍有所创新，主要表现在玻璃的引进使用及砖石建筑的进步等方面。这一时期，中国的民居建筑丰富多彩、灵活多样的自由式建筑较多。清代晚期，中国还出现了部分中西合璧的新建筑形象。例如，清代世袭的建筑设计家族，其中样式雷建筑为突出代表，如图 3.15 所示。

图 3.14　珐琅彩

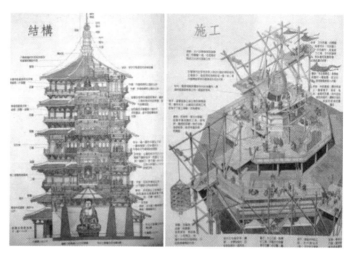

图 3.15　样式雷建筑

2. 西方古典设计衍变

纵观西方古典设计文化的发展，不同时期有着不同的设计风格，主要包括古埃及的开始阶段，古希腊时期的由形式美转向中世纪的实用艺术阶段，意大利文艺复兴时期最后发展至多元化的近现代设计阶段。

埃及是世界上最古老的的国家之一，是人类文明在萌芽时期的开拓者。古埃及的手工艺制作很发达，这些古老的手工艺设计无论在形式上、工艺上，还是精神层面上，都有现代人所无法企及的地方。其在铜工艺、建筑、雕塑等方面，都显示出极高的设计和制作水平。例如，古埃及图坦卡蒙金面具，那细致、优雅、比例协调的面容，代表了古埃及高度发达的艺术水平，如图 3.16 所示。

图 3.16　古埃及图坦卡蒙金面具

例如，古埃及气度恢宏的金字塔。金字塔几乎是一座实心的巨实体，它是采用将石块沿着金字塔内部的螺旋上升通道往上拖运，然后逐层堆砌而成的方法建造而成的，庞大的规模、简洁沉稳的几何形体、明确的对称轴线和纵深的空间布局体现出金字塔的雄伟、庄严、神秘，其高超神秘的设计与建造技术让人感到惊叹，如图 3.17 所示。

图 3.17 金字塔

古希腊是欧洲文化的摇篮，由于希腊人的聪明才智和奴隶主开明的社会结构，使古希腊在科学、手工艺、建筑等诸多方面有着辉煌的成就。其中最具有时代特征的是建筑，古希腊建筑风格的特点主要是具备和谐、壮丽、庄重典雅之美。而神庙建筑则是这些风格特点的集中体现者，同时也是古希腊，乃至整个欧洲影响最深远的建筑。例如，古希腊的帕提农神殿，如图 3.18 所示。

图 3.18 帕提农神殿

中世纪早期的手工制品在设计上明显带有北方蛮族的粗野形态。由于教会鼓吹清教徒般的生活方式，各种生活用品的制作都是很朴素甚至是简陋的。由于不必在繁复的装饰细节上下功夫，中世纪的制造者们一般都长于结构的逻辑性、经济性和创造性。中世纪的手工业已经开始标准化生产，许多英制度量单位在这一时期就已固定下来，从 12 世纪早期开始，就采用英尺度量单位。中世纪手工业是有一定组织化的，一般按不同的行业成立行业行会，并在行会内制定了设计标准。此外，哥特式风格对于手工艺制品，特别是家具设计产生了重大影响。中世纪哥特式家具着意追求哥特式建筑的神秘效果，最常见的手法是在家具上饰以尖拱和高尖塔的形象，并着意强调垂直向上的线条，如图 3.19 所示。

图 3.19　中世纪哥特式家具

中世纪设计与生产过程相分离是工业设计的显著特点。随着中世纪后期以手工生产为基础的早期资本主义的出现，设计的专业化程度不断得到加强。

文艺复兴是 14 世纪在意大利兴起，16 世纪在欧洲盛行的一场思想文化运动，带来了一段科学与艺术革命时期，揭开了现代欧洲历史的序幕，被认为是中古时代和近代的分界线。马克思指出，文艺复兴是封建主义和资本主义时代的分界。文艺复兴时期的设计风格与中世纪严谨刻板的风格截然不同，它把眼光重新投向古代艺术，试图从希腊和罗马的古典艺术中汲取营养。早期文艺复兴时的设计风格，显示出更大的自由度，层次更加明显，曲线被广泛地应用，设计呈现出人情味。17 世纪，欧洲的设计进入浪漫主义时期，设计风格主要是巴洛克式和洛可可式。由于巴洛克式和洛可可式风格中过度的修饰使其逐渐沦为虚饰主义，此后，欧洲和美洲的设计风格都一再重复历代设计的旧调，从而进入了一个由历史式样走向近代工业设计的混乱过渡时期。

文艺复兴时期的科学家与艺术家达·芬奇有无数奇思异想的发明，包括飞行器、潜水装备和武器等。例如，达·芬奇从自然界获取灵感，仔细研究了鸟类的外形与飞行姿势，画出了飞行机械设计草图和飞行器设计效果图，体现了他无与伦比的想象力，如图 3.20 和图 3.21 所示。

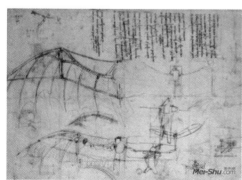

图 3.20　达·芬奇飞行机械设计草图

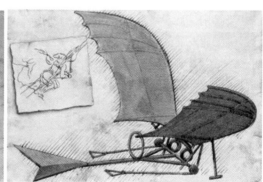

图 3.21　达·芬奇飞行器设计效果图

3.1.2 近现代设计的变迁

1. 近代工业设计

近代设计随着18世纪晚期英国工业革命的出现而兴起。蒸汽机的发明，标志着近代工业革命的到来，带来了生产方式的巨大变革，提高了生产效率和速度。机械化生产逐步代替了手工劳动，改变了人们过去的生活方式和工作方式，社会开始进入工业时代。

工业革命时期的设计主要以人们日常生活所用的物品为设计对象，在产品形式和风格上进行改良，使纺织、金属、陶瓷等工业出现新的组织和生产方式。技术的进步有助于产品设计的改进，推动生产速度的提高，功能及标准化的实现和完善。18世纪虽是一个追求理性的时代，但也没有完全摒弃对装饰的热情，特别是为了显示身份的贵族设计，在装饰上尽显奢华。

这一时期，由于受到工业革命影响，美国发展迅速并逐步取代了英国，成为世界上最强大的生产力量。美国设计是以实用的方式发展起来的，设计者和厂家能意识到市场的需求并尽量去满足它。美国机械化的速度大大超过欧洲，发展了新的生产方式，其特点是标准化产品的大批量生产，产品零件具有可互换性，这就是所谓的"美国制造体系"。例如，1851年生产的柯尔特"海军"型左轮手枪，它的机件简化到了最低限度，并可互换部件，其精密度使其成为沿袭多年的手枪标准形式。

此外，汽车也是美国最典型的消费工业品，也最能反映美国工业设计的特点。例如，1908年福特推出较受欢迎的T型小汽车，它外观简洁，结实而且便于修理，去掉了一切不必要的修饰，并开始采用流水线装配，这种方式增加了产量、降低了成本。福特把标准化的理想转变成了消费产品的生产，这对后来现代主义的设计产生了很大的影响。

工业革命带来的工业文明，同时影响了中国的工业生产方式和思想，使中国进入新的工业化时代，使得历史悠久的中国传统造物观也有了质的变化。中国当时的洋务派以"师夷长技以制夷"为名，积极学习西方的新技术与新理念，创办了一大批近代新兴的工业企业。清代洋务派代表人物张之洞，提出的"中学为体，西学为用"思想，就是指引进西方先进科学技术及社会管理制度，并加以适当利用。这对改进中国传统造物技术起到了积极的作用。张之洞率先创办了汉阳铁厂、湖北织布局、兵工厂、京汉铁路（如图3.22所示）等近代工业，奠定了中国近代工业发展的坚实基础，为传统造物方式向现代机器制造模式的转变做好了充分准备。例如，清末"汉阳造"步枪的设计与制造就是一个很好的例证，从辛亥革命始直至抗日战争结束，"汉阳造"步枪一直是中国战场上的主力武器之一，如图3.23所示。"汉阳造"步枪推进了中国近代工业发展的脚步。同时，它成为中国近代工业产品的代表，传统的造物活动得以转型，新的工业设计形式开始出现。

图 3.22　京汉铁路

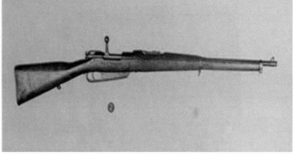
图 3.23　"汉阳造"步枪

2. 现代主义设计

现代主义设计是人类设计史上最重要的、最具影响力的设计活动之一。现代主义设计主张创造新的形式，反对袭用传统的形式和附加的装饰，从而突破历史主义和折中主义，为发挥新材料、新技术和新功能在造型上的潜力开辟道路，注重以计算和功能为基础的工程技术，而不是唯美主义。现代主义设计首先起源于对机器的承认，机器就是以批量生产方式产生理性的现代设计的源泉。它首先在德国兴起，后来在法国、奥地利、意大利等国也发展起来，直到第二次世界大战后，现代主义才在英国真正扎根下来。现代主义设计正是在德国的格罗皮乌斯、米斯、法国的柯布西耶这些杰出的设计师们积极推动下形成的。对于现代美学最大贡献的建筑师是柯布西耶，他不断地以新奇的建筑与设计思想及大量的实际作品使世人耳目一新。他提出了"新建筑的五个特点"，萨伏伊别墅就是著名的代表作，由简洁、秩序的几何形式体现出理性与逻辑性，产生出一种标准化的模式，强调直线、空间、比例、体积等要素，并抛弃一切附加装饰。

此外，对现代主义设计贡献巨大的无疑是包豪斯学校，它在一段时间内被奉为现代主义设计的经典，特别是它所创立的设计教育有着深远的影响，其教学方式成了世界许多学校艺术教育的基础。包豪斯学校开设了基础课，奠定了三大构成的基础，顺应机械化生产需要，把科技与艺术两条线结合了起来，形成了现代主义设计。设计内容由形式转变到功能，由造型装饰转移到功能结构，由针对物品变成针对人的需求，形成了以解决问题为中心的设计理念，促进设计由为少数人服务转变到为大众服务，满足大众对美的需求。

20 世纪 60 年代现代主义设计走向多元化，出现了理性主义、高技术风格等多种类型。随着社会的前进，尤其注重人、设计对象与环境的和谐关系。强调设计是一项集体活动，强调对设计过程的理性分析，而不追求任何表面的个人风格，体现出一种"无名性"的设计特征。"无名性"设计更适于批量生产，将外观细节减少到最低限度，在操作和显示的设计上也尽量减少信息密度，如索尼公司的 Profeel Pro 电视机（如图 3.24 所示）和意大利奥利维蒂公司生产的打印机（如图 3.25 所示）。

科学技术的进步不仅影响了整个社会生产的发展，还强烈影响着人们的思想。高技术风格正是在这种社会背景下产生的，它提倡采用高新技术，并且鼓吹表现高新技术。最为轰动的作品是 1976 年巴黎建成的蓬皮杜艺术中心，它最大的特色就是外露的钢骨结构及复杂的管线。该中心打破了文化建筑所应有的设计常规，突出强调现代科学技术同文化艺术的密切关系，如图 3.26 所示。

图 3.24　索尼公司的 Profeel Pro 电视机　　　　图 3.25　意大利奥利维蒂公司生产的打印机

图 3.26　蓬皮杜艺术中心

3.1.3　信息时代设计的变迁

在信息时代，设计已经成为一个开放的、多种风格并存的、多种学科交汇融合的学科，在这样一个多元化的时代，有关主义和风格的话题已经不再是设计讨论的重点问题，对于人类自身的需求和环境的关注成为最重要的问题。

1945 年，第一台电子计算机在美国诞生，吹响了第三次工业革命的号角，也标志着人类文明进入信息时代。计算机技术的发展，极大地改变了工业设计的技术手段，也开辟了工业设计崭新的领域，使技术人性化，真正服务于人类。例如，美国苹果公司是最具有代表性的公司，它成为信息时代工业设计的旗舰。苹果首创了塑料机壳的个人计算机，倡导图形用户界面和应用鼠标，采用连贯的工业设计语言不断推出了令人耳目一新的计算机，如著名的苹果 II 型机、Mac 系列机、牛顿掌上电脑、Powerbook 笔记本电脑等，如图 3.27 所示。这一系列的作品改变了人们对计算机的看法和使用方式，使计算机成了一种非常人性的工具，人们的日常工作变得更加人性化。产品必须具有大众能理解和欣赏的特质，对高科技产品而言，产品的技术性能和指标与其外观和个性同样重要。

（a）苹果 II 型机

（b）苹果 Mac 系列机

（c）牛顿掌上电脑

（d）Powerbook 笔记本电脑

图 3.27　苹果公司产品

又例如，最负盛名的德国青蛙设计公司，以其前卫甚至未来派的风格不断创造出新颖、奇特、充满情趣的产品。青蛙公司的设计保持了严谨和简练，又带有后现代主义的新奇、怪诞、艳丽的特点，很大程度上改变了 20 世纪末的设计潮流。青蛙公司的设计哲学是"形式追随激情"，因此许多青蛙公司的设计都有一种欢快、幽默的情调。例如，青蛙公司设计的一款儿童鼠标器，外观酷似实物，诙谐有趣，能够给儿童带来亲切感，如图 3.28 所示。此外，诺基亚公司以"科技以人为本"的设计理念，率先推出了弧面机体滑盖通话设计，满足了使用者握机的舒适需求。例如，1998 年诺基亚推出极具特色的"5110 随心换"手机，为追求个性化的用户提供了多种色彩的外壳，可以方便迅速随时更换，使高精尖的技术成为一种流行的时尚，如图 3.29 所示。

图 3.28　儿童鼠标器

图 3.29　诺基亚"5110 随心换"手机

3.2 设计工程文化的概念与特征

3.2.1 设计工程文化的概念

设计与文化有着密不可分的关系，设计与文化是相辅相成、辩证统一的。一方面，设计始于文化的作用。例如，2008 年北京奥运的鸟巢和水立方的设计造型为一圆一方，对比鲜明，朴素呼应，体现了中国的天圆地方的建筑理念。此外，鸟巢融于自然，代表人和自然的和谐统一，充分体现了天人合一的美学思想，而鸟巢一丝一丝的设计灵感来自中国传统的镂空雕刻技术，中国剪纸雕花的手艺一直是珍贵的非物质文化遗产，如图 3.30 所示。文化背景决定了设计将蕴含什么样的文化思想、设计理念，这是现代设计的精髓所在。文化代表着一个社会群体的信仰与思想观念，并成为一种生活习惯潜移默化地影响着每一个人的审美情趣及精神追求，而设计作为人们创造美及精神享受的方式则必然受文化的支配。

图 3.30 鸟巢和水立方

另一方面，设计又更新着文化。设计创新发展可以有效地促进文化载体附加值提升，有助于产品文化的传播，有助于设计的影响范围不断扩大；通过设计的过程，文化观念便在产品上有效地体现了出来，有效地提升了文化在人们生活当中的融入。随着设计的不断革新，设计在发展过程当中也会积累生产的经验，形成一些共同的文化价值和标准，设计作为文化的一种物质呈现形式，它们会逐渐增强人们对于产品文化内涵的影响。

设计工程文化是工程文化的一种表现形式，是在设计工程建设活动中所形成、反映、传播的文化现象。它是设计观与方法论的有机统一，是从设计学的视角，探讨如何构建具有文化内涵的工程，也就是探讨如何将工程所蕴含的人生观、价值观、审美观、社会观等精神产品融入工程实体中去的工程。例如，建筑设计就是通过建筑实体的布局、营造、建构及工艺等形式，实现美学与功能、艺术与科学集于一体的设计工程作品。

设计工程文化的内涵可通过具体的工程实例来理解。例如，长城是我国古代乃至世界历史上最为浩繁的建造工程，其最基本的功能是抵御外来侵略。如果单从"是什么"的角度探寻，我们可能仅仅满足于了解其功能及功能的拓展。在历经千年的历史沧桑岁月中，随着对其精神内涵的挖掘，绵亘万里，至今仍巍峨耸立的长城逐渐成为中华民族自强不息、奋斗不止的永恒标识。它的文化内涵具体可以凝练成"精神的凝聚、智慧的结晶、力量的积蓄、价值的升华"。这些观点都很好地体现了长城在设计、工程、文化三者之间的完美契合。

3.2.2　设计工程文化的特征

设计工程文化的特征包括以下几个方面。

1. 原创性

原创性也称为独创性或初创性，是指某个产品经独立思考创作产生，并具有的非模仿性和差异性的特征。一个产品只要不是对已有物品完全地或实质地模仿，并通过设计者独立构思，在表现形式上与已有作品存在差异，就可以视为具有原创性。英国著名的设计师托马斯·西斯维克倡导，"创意设计应该有自己的文化，有自己的生命，每个设计作品都应该有自己的文化符号，文化符号就像这个设计作品的生命一样，它应该是鲜活的"。例如，他设计的"陀螺椅子"，完全摆脱了传统座椅四平八稳的模式。这是一款陀螺旋转座椅，它没有就坐的固定方向，但只要坐进这个酷似大陀螺的椅子，就可以360度随心所欲地旋转。陀螺创意强调了参与、互动、趣味的设计理念，具有极强的原创性，如图3.31所示。

图 3.31　陀螺椅子

2. 群体性

设计工程文化具有完整系统性的特征。当个体性的设计思想、理念、成果成为群体性的物象时，才能成为设计工程文化。作为群体性，具有层次性特征，每个层次都拥有特定的文化内涵，如国家文化、民族文化、地域文化、企业文化等。

设计工程活动既要体现鲜明的设计风格，更要关注市场的需求。但从现代设计来看，设计主体是为消费主体服务的。而消费主体是一个涉及生产商、经纪人、销售等诸多群体在内的社会人群。也就是说，无论设计者还是消费者，已经不再是个体的人，而是某一特定的社会群体。因此，设计工程文化具有明显的社会群体性。

3. 时空性

设计工程文化存在于特定的时空之中。设计文化的空间性，指的是设计文化随空间区域的不同，形成了不同的文化层次和类型。设计文化与人密不可分，它因为人群的民族、区域的差别，而形成了特点各异的文化圈。不同的文化类型具有自身的特质，主要表现在文化因素的不同上，如思维方式、生活习俗、价值观念、艺术风格等区别上。这种不同的设计文化圈，有时能不受时间推移和自身发展变化的影响，始终在根本上保持着自己的风格。同样，设计工程文化也具有时间性，即设计文化有着自身的起源、演化、变迁的发展过程，随着时间的变化表现为进化与分化、积累与沉淀的复杂过程。设计工程文化的时间性与空间性之间相互联系、相互作用，不同的时间与空间形成了设计文化工程的时空性特征。

4. 审美性

审美是人们对事物的美丑进行评判的过程。它是一种主观的心理活动过程，是人们根据自身对某事物的要求所做出的对事物的看法。设计是审美的实践艺术。我国古代就产生过许多丰富而深刻的造物美学思想，老子提出了宇宙本体论，即"有无相生、虚实互补"的审美哲理。计成在《园冶》中提出的"虽由人用，宛自天开"，体现了天人合一的自然审美思想。在国外对审美的认识也有许多不同流派和不同观念的理论。例如，现代设计中的重要概念"功能主义"提出了"形式追随功能、实用就是美"等审美态度。

设计的审美性应当具有以下几个含义。

第一，要有设计创新之美。设计具有求新、求异、求变的特点，而这个"新"有着不同层次，它可以是改良性的，也可以是创造性的。但无论如何，只有新颖的设计才会有与众不同的审美。

第二，要符合设计审美的原则。设计之美自然也遵循人类最基本的审美规律。例如，对称、韵律、均衡、节奏、形体、色彩、材质、工艺等都要符合人们的审美法则。

第三，符合人性的设计审美。设计是为人而设计的，服务于人们的生活需要是推动设计的力量，人们在满足生存温饱之后，会开始追求精神世界的满足包括审美的需求。因此，设计的形式要想获得人们的认可，一定要符合人性审美的需求。

5. 民族性

全世界的文化都有各自的发源地，这就产生了设计的民族性。世界上每一个民族，由于不同的自然条件和社会条件的制约，都形成了与其他民族不同的语言、习惯、道德、思维、价值和审美观念，因而也就形成了与众不同的民族文化。所谓民族性是指民族文化的精华部分，设计文化的民族性主要表现在设计文化结构的观念层面上，它反映了整个民族的心理共性。不同的民族，生活在不同的环境里，形成了不同的文化观念，也直接或者间接地表现在自己的设计审美活动中。例如，德国工业设计的产品具有科学性、逻辑性和严谨、理性的造型风格，如图3.32所示。日本工业设计的产品具有新颖、灵巧、轻薄玲珑而又充满人情味的特点，如图3.33所示。这些例子都说明不同民族的文化观念与氛围对他们的设计作品产生了不同的影响。

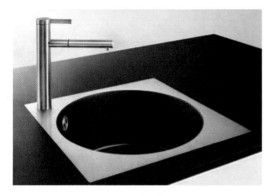

图 3.32　德国产品

图 3.33　日本产品

6. 品牌性

设计成就品牌，品牌传递价值。当世界进入品牌竞争的时代，当品牌成为商界的热点时，品牌设计也成为人们常挂在嘴边的时髦词汇。消费者购买商品的心理活动，一般总是从商品的认识过程开始的，而激烈竞争的市场上，品牌成为人们选择商品的重要依据，品牌也是人们地位、实力的象征。由此，品牌设计的意义就越来越大。品牌名称通常由文字、符号、图案三个因素组合构成，涵盖了品牌所有的特征，具有良好的宣传、沟通和交流的作用。设计者要具有品牌意识，需要做到以下内容。

① 明确品牌定位。品牌定位解决品牌"是什么"与"不是什么"的问题。这并不是指产品属性，而是指品牌代表什么不代表什么。例如，可口可乐（如图3.34所示）不仅是一种饮料，更是代表精彩与欢乐生活的精神。耐克是运动鞋，但代表的不是鞋而是"运动"。汇源不仅是果汁更是"新鲜"与"营养"。雀巢（如图3.35所示）不仅是咖啡，更代表了"方便、速溶"。

图 3.34　可口可乐

图 3.35　雀巢

② 突显品牌核心价值。品牌核心价值是品牌的精髓和核心，也是品牌的内在驱动力与凝聚力。在产品日渐同质化的趋势下，对消费者影响最大的因素往往不再是产品的实体，而是

品牌核心价值所折射出的消费者所具有或向往的生活方式和精神追求，这也是促使消费者保持品牌忠诚的核心力量。

③ 具有视觉美感。在设计的过程中，色彩的搭配、结构的布局、画面的协调都必须符合人们常规的审美心理。在充满美感的设计中，要十分注意品牌的目标消费者，面对不同的消费人群，设计人员要去把握目标消费人群的内心世界。

④ 品牌设计反映出我们的个人偏好、价值观和生活方式。品牌已经不仅仅是一种标志和专用术语，它已经成为我们这个社会的符号。品牌形象设计不仅仅是指一件产品或一项服务，它还代表着多种多样的生活价值取向。

例如，奔驰、宝马等汽车品牌（如图 3.36 和图 3.37 所示），人们选择它们不仅能够树立起个人形象的品牌，而且还能够选择其背后的质量、品位、文化、服务等众多附加值。

图 3.36　奔驰品牌　　　　　　　　　　图 3.37　宝马品牌

3.2.3　工程设计经典案例与设计人物

1. 世界一流水平的大型艺术殿堂——国家大剧院

保罗·安德鲁，法国人，世界著名建筑设计师，多年来，安德鲁的作品遍布世界各国，曾荣获许多国际建筑大奖。

国家大剧院（如图 3.38 所示）是我国新时代的标志性建筑，是国家最高艺术表演中心，是具有世界一流水平的大型艺术殿堂。国家大剧院造型构思独特、新颖、前卫，充分体现了技术与艺术、传统与现代、浪漫与现实的完美结合。国家大剧院总建筑面积约 16.5 万平方米，主体建筑由外部围护钢结构壳体和内部 2416 个坐席构成。外部围护钢结构壳体呈半椭球形，椭球形屋面主要采用钛金属板饰面，中部为渐开式玻璃幕墙。其总体特征体现在以下几个方面。

① 一看就是一个剧院，一看就是一个中国的剧院，一看就是天安门旁边的剧院。它有别于中国传统的大屋顶、琉璃瓦建筑，如同一座可领导未来世界建筑新潮流的干燥土地里豁然冒出的"水中珍珠"，无疑将为天安门这一政治性极强的地带，导入大胆浪漫的文化特征。

② 剧院中的城市。大剧院外形虽然简单，内部却非常复杂。国家大剧院内部就像一个小城市一样，除了剧场，还有音响资料馆、录音室、音响后期制作室、演播厅、图书馆等，是一个面向所有人群的设施齐全的艺术中心。除了演出，它还可以进行音响制作、录音、排练，练琴房对外开放。

③ 国家大剧院壳体采用大跨度钢结构，内部是传统的钢筋混凝土结构，不是规矩的剪力墙结构或框架结构，而是柱子托着墙，墙架着梁，梁上又有墙。数学模型无法完全套用计算机程序。用结构工程师的话讲，这属于概念性设计，很多地方要凭经验，不能完全靠计算软件。

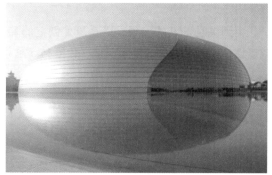

图 3.38　国家大剧院

2. 颠覆宝马的鬼才设计师——克里斯·班戈

"传说，曾有一位艺术家爱上了自己的雕塑作品，最终用一个吻将作品救活。这就是我的工作——给车生命。"这是克里斯·班戈曾经在某杂志采访结束后说过的一句话。这位颠覆宝马前任设计的鬼才设计师，能将自己的工作升华成赋予生命的神圣职责。

1981 年，班戈毕业后进入德国欧宝汽车公司，开始了他的汽车设计生涯。他不凡的设计才能从参与设计的"小欧宝"（Opel junior）开始展现。他参与设计的第一辆车 Opel junior 于 1983 年在法兰克福车展推出，并获得了 1984 年的汽车设计大奖。之后班戈还参与了其他欧宝车型的设计，仅用两年时间就成为欧宝设计部的副主任，这也间接证明了班戈不凡的才华。从美国自由文化中诞生，再到意大利付诸自己的意念，也许班戈年轻时代的经历和铺垫是对他日后成为"最富争议设计师"打下的巨大伏笔。正在这时，班戈得到了来自德国慕尼黑宝马集团伸出的橄榄枝。1992 年，宝马集团邀请班戈主持宝马设计中心的工作，这一次，班戈不仅仅是一名汽车设计师，更是宝马设计部的负责人。或许，连班戈自己都没有想到，他一生中最辉煌灿烂的职业生涯巅峰将在德国的土地上开始。

作为新生代的设计大师，班戈的血管里都流淌着颠覆创新的想法。班戈在加入宝马时，受命将宝马的设计提高到一个超越时代的高度。但那个时候很多人认为宝马的外形已经经典到不用再有改动了，可是班戈却认为宝马的车型处在危险之中，如果故步自封，很快会被其他竞争对手甩在后面。

班戈主导宝马的设计团队在 2001 年推出第四代宝马 7 系 E65，尝试了前所未有的大胆设计，如图 3.39（a）所示。可以说第四代宝马 7 系彻底颠覆了人们对宝马风格的认识，原本古板精炼的宝马，竟然变得如此臃肿。但是却有更多的人被这种大块头设计带来的气势所征服。有趣的是，关于这一代车型的争议从亮相之初至今仍在持续。

在宝马 7 系给人带来视觉冲击后，班戈利用"立体火焰"的手法造就第一代宝马 Z4 长前悬短后悬、紧凑座舱的修长比例。宝马也因 Z4 打破了旗下汽车一贯的沉稳设计风格，长而平滑的发动机舱盖、起伏的边缘及轮廓、衣襟褶皱般的线条带来了明暗的对比，造成了极佳的视觉感受，如图 3.39（b）所示。Z4 的诞生奠定了宝马品牌在这一个十年内，稳居德系汽车造型设计先锋的地位。从此，在潜意识中，人们已经将 Z4 与"革命"画上了等号。

再到宝马 E60 的出现，更是班戈创造的雕塑派设计风格的再现，整体设计风格锐利，具攻击性，尤其是上挑的鹰眼部位，让宝马 5 系具有与众不同的锐气，如图 3.39（c）所示。

（a）第四代宝马 7 系 E65

（b）宝马 Z4

图 3.39　班戈设计的车型

（c）宝马 E60

图 3.39　班戈设计的车型（续）

3. 现代家具设计大师：密斯·凡·德·罗

密斯·凡·德·罗尽管基本上被看作一位建筑大师，但其充满创新意识和设计活力的家具设计也使他成为第一代现代家具设计大师之一。其家具设计的精美比例，细部工艺的精心推敲，材料的纯净完整，以及设计观念的直截了当，最典型地体现了现代设计的观念。著名的"巴塞罗那椅"是现代家具设计的经典之作，为多家博物馆所收藏，如图 3.40 所示。它是密斯为 1929 年巴塞罗那博览会德国馆设计的，与同样著名的德国馆相协调。这款体量超大的椅子，也明确显示出其高贵而庄重的身份。这把椅子由不锈钢构架成弧形交叉状，非常优美又极具功能化。只是这些构件很昂贵，且用手工磨制而成。与椅子同时设计的还有款名为"奥特曼"的凳子，也是以完全同一的构思完成的。它们最初是为前来剪彩开幕的西班牙国王和王后准备的。

图 3.40　巴塞罗那椅

4. 壶艺泰斗顾景舟

顾景舟是近代陶艺家中最有成就的一位，其所享的声誉可媲美明代的时大彬，被称为"一代宗师""壶艺泰斗"。

数十年来，顾景舟饱览历代紫砂精品，深入钻研紫砂陶瓷相关工艺知识，旁涉书法、绘画、金石、篆刻、考古等学术。丰富的人文素养加上精练制壶技艺，酝酿出其紫砂创作的独特艺术风格，而顾景舟对于紫砂陶瓷壶的鉴赏亦有高深独到的造诣，如图 3.41 所示。其在壶艺上的成就极高，技巧精湛，且取材甚广。其作品特色是，整体造型古朴典雅，形器雄健严谨、线条流畅和谐，大雅而深意无穷，散发浓郁的东方艺术特色，所制之器脱俗朴雅，仪态纷呈，堪称"集紫艺之大成，刷一代纤巧糜繁之风"。顾景舟被海内外艺术界专家誉为"壶艺泰斗"。

图 3.41　紫砂陶瓷壶

3.2.4　创意钟的概念开发

本节以创意钟产品为例，按照"设计研究—概念草图—概念模型—效果图—数据模型—实物模型"的流程对产品的概念开发进行介绍。

1. 设计研究

在设计研究阶段，需要对市场、现有产品、用户、人机工程学等进行研究。

1）市场研究

首先，需要对消费者的购买力进行调查，包括研究消费者的收入水平、职业类型、居住地区，以及他们对吃、穿、用、住、行商品的需求结构等。其次，需要研究市场的审美因素。了解当下流行什么，盛行什么，以及未来的趋势是什么。再次，产品作为科学技术商品化的载体，科学技术的进步对设计观念的变革和发展起着至关重要的推动作用。以创意钟产品为例，必须对与产品相关的新技术、新材料、新工艺的发展状况进行研究，并进行技术预测。最后，产品的开发设计是在复杂的环境中进行的，受到企业自身条件和外部条件的制约。市场环境、政治法律环境、经济环境和社会文化环境都是需要考虑的。

2）现有产品研究

现有产品研究的根本目的在于，通过对市场中同类产品的相应信息的收集和研究，为即将开始的设计研发活动确定一个基准，并将这个基准作为指导产品研发的重要依据。图 3.42 所示为市场现有的创意钟产品。

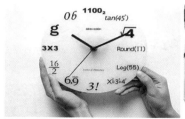  

图 3.42　市场现有创意钟产品

3）用户研究

用户研究是产品设计研究的核心部分。首先，需要研究用户在使用该产品时的心理状态和物理环境。例如，对于创意钟产品的开发设计，我们需要研究其使用环境是教室还是书房，是地铁站还是卧室，不同的使用环境对产品的要求不同。同样，用户使用该产品时的心理状态也需要考虑，是需要精确到分、秒，还是仅仅需要对时间有一个大概的了解。

其次，要进行细致的用户观察。观察用户所用产品的特征、用户层次、用户在使用该类产品时是否存在误操作、用户使用产品时的动作效率等。这些都是设计师在进行用户研究时需要考虑到的问题。

4）人机工程学研究

人机工程学是研究人与其所使用的产品和系统及工作和生活环境交互作用的学科。在创意钟产品开发中，需要研究人机工程学中的视觉识别要素，获得对用户友好的显示界面。人通过视觉系统进行时间的读取，这涉及产品的尺寸、指针和表盘色彩的对比度、表盘和指针材质表面的粗糙度（是否发光）等问题。

在设计研究环节，要求用创新思维方法中的头脑风暴法，从市场、现有产品、用户、人机工程等方面综合考虑，来进行设计方案的发散性思考，尽可能多地获取设计概念。

2. 概念草图

概念开发通常是在发现了某一个有价值的创意点之后，通过各种各样反映思维过程的草图来具体化和明朗化的。多个概念在这一过程中逐步建立起关联，相互启发、相互综合，从而使设计的概念借助图形化的表达成为几类轮廓分明的创意方案，实现从思维、理念到形象的过渡，并不断在图纸上得到反思、深入和飞跃。

概念草图是设计师将自己的想法由抽象变为具体的过程，是设计师对其设计对象进行推敲的过程。概念草图的画面上往往出现文字的注释、尺寸的标注、色彩的推敲、结构的展示等，这种理解和推敲的过程是概念草图的主要功能，如图 3.43 所示。

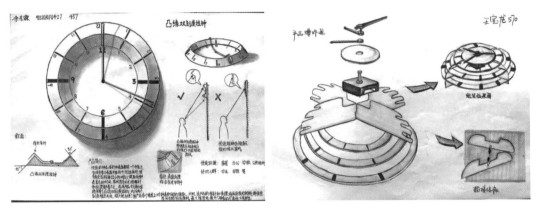

图 3.43　概念草图

3. 概念模型

概念模型一般使用纸板、石膏这类易于成型的材料来制作，用来验证产品的形态、尺寸、体量、各组件之间的比例，验证产品的人机匹配、结构尺寸和连接方法。图 3.44 所示为使用纸板、发泡塑料等材料制作的创意钟概念模型。

图 3.44　创意钟概念模型

4. 效果图

在这个阶段，设计师常常需要把概念模型转化为能够反应更多信息的造型图，即效果图。产品效果图可以表现产品的细节，并反映产品的使用情况，绘制二维或者三维效果图，能够表达出大量的产品信息。效果图常常用来做色彩研究，或者检测用户对产品特征和功能的接受程度，还可以作为销售时的展示资料。

在这个阶段，设计师会借助一些三维软件（如 Rhino、3ds-Max、Alias 等）来完成方案的三维建模和材质渲染，对产品的形态、色彩、表面装饰细节等进行更直观的表达。效果图的优势在于，它会让产品的细节表现得非常完整和清晰，尤其是一些在概念方案阶段容易被忽视的部分，在这个环节都很容易被发现，设计师可以进行补充和修改。图 3.45 所示为创意钟的电脑效果图。

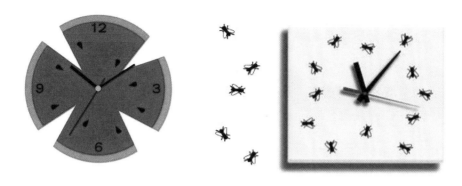

图 3.45　创意钟的电脑效果图

5. 数据模型

数据模型可以描述产品的大小、结构和关键尺寸，虽然不是详细的零件图，但它们可以用来构造最终的设计模型和样机，可以作为与工业设计下游产业链交流的有效载体，促使整个开发流程的集成。数据模型一般使用工程类三维建模软件来完成，如 Solidworks、Creo、UG 等。

6. 实物模型

实物模型，又叫样机模型，是指在没有开模具，将产品推向市场之前做出的一个或几个样板。它可以反映产品外观、色彩、尺寸、结构、使用环境、操作状态、工作原理等特征。

制作实物模型常用的是一些有一定强度和硬度，成型难度相对低，且表面效果较好的材料，如油泥、木材、塑料、金属等。实物模型一般采用数控加工技术，比如 3D 打印技术、激光制造技术、加工中心等来完成。图 3.46 所示为分别使用激光切割技术和 3D 打印技术制作的创意钟实物模型。

（a）使用激光切割技术　　　　　　　　（b）使用 3D 打印技术

图 3.46　创意钟实物模型

3.2.5 肥皂盒的逆向设计

本节以肥皂盒产品为例，按照"数据采集—数据处理—CAD建模—3D检测"的流程对肥皂盒进行逆向设计。

通过对肥皂盒扫描测量和三维实体模型构建的案例，阐述逆向工程技术在扫描点云数据处理、CAD建模、3D检测等实际产品开发过程中的具体应用。

1. 数据采集

图3.47所示为肥皂盒模型。首先对模型进行处理，均匀喷涂模型表面，并根据需要粘贴标记点，贴标记点时应注意离开边缘12毫米以上，尽可能随机粘贴，距离为20～100毫米，曲率小时，可以稀疏些。模型处理如图3.48所示。

图3.47　肥皂盒模型

图3.48　模型处理

图3.49所示为使用Visen TOP Studio扫描系统软件的便携式三维扫描仪。通过该三维扫描仪进行数据采集、处理及导出扫描场景。图3.50所示为扫描后的点云。

图3.49　便捷式三维扫描

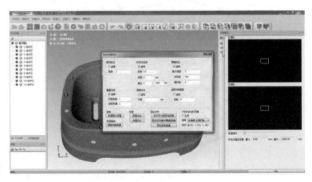

图3.50　扫描后的点云

数据采集时应首先进行规划，将肥皂盒正面向上，可适当垫高，沿一定方向按顺序进行扫描，同时实现正面及整个侧面的数据采集。由于肥皂盒厚薄均匀，所以可以不采集反面数据。

具体的操作步骤如下。

① 新建工程，并打开已存在工程。

② 开始采集，注意每幅点云图必须有三个坐标点，保证自动拼接。扫描过程中注意检查。

③ 扫描结束后，保存工程，导出当前数据，格式为 .asc。

④ 导出文件。

2. 数据处理

数据处理的流程：点阶段→多边形阶段→建立特征→对齐→保存。

① 打开 Geomagic wrap 软件，导入数据。

② 点阶段：采集完整而理想的点云数据，并将其封装成可用的多边形网格数据模型。其流程如下。

③ 多边形阶段：创建完整的理想多边形网格模型。其流程如下。

经过点阶段和多边形阶段处理后，点云如图 3.51 所示。

④ 建立特征：因肥皂盒为对称模型，用平面、对称、划线方法分别建立面 1 和面 2，如图 3.52 所示，并对齐到全局，然后保存为 .stl 文件。

图 3.51　处理后的点云

图 3.52　建立特征

3. CAD 建模

CAD 建模采用的 Geomagic Design X 软件。建模思路：三维曲面构建→实体构建→建模误差分析→创新设计。

1）三维曲面构建

导入 .stl 文件，进行自动分割领域、合并领域、手动分割领域等特征分解处理，分成上曲面、内腔面、侧面及底面，建立领域如图 3.53 所示。再进行面片拟合、建立曲面、剪切曲面、缝合曲面等过程，构成三维曲面，三维曲面构建如图 3.54 所示。

 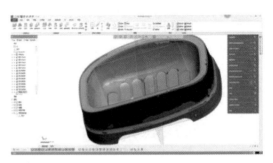

图 3.53　建立领域　　　　　　　　　　　图 3.54　三维曲面构建

2）实体建立

构建漏水孔。草图绘制，拉伸，建立圆柱体，构建圆角，布尔计算，完成实体切割，如图 3.55（a）所示。对模型整体圆角处理，并抽壳，如图 3.55（b）所示。草绘漏水孔，拉伸，并切割，如图 3.55（c）所示。

  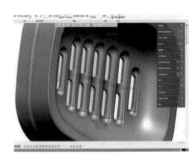

（a）实体切割　　　　　　　　（b）抽壳　　　　　　　　（c）切割

图 3.55　构建漏水孔

3）模型误差分析

三维模型的误差主要包括扫描点云数据产生的误差、测量设备精度产生的误差、点云数据还原三维模型过程中产生的误差等。

模型误差分析的步骤如下：显示面片，显示实体，打开 Accuracy Analyzer 软件，选中偏差按钮，设置"许可公差"的上限和下限，通过观察"颜色面板"的值便可知偏差的大小，如图 3.56 所示。颜色为绿色的公差较准确，部分公差稍大是因为修正产品变形造成的，在作图时还是以合理为主。

图 3.56　模型误差分析

4）创新设计

对重构的 CAD 数据模型进行创新设计。为增加肥皂盒的强度，可以进行加强筋的设计，如图 3.57（a）所示。为增加肥皂盒的功能，如将不同用途的肥皂分开放置，可以在中间设计隔板，如图 3.57（b）所示。为收集残水，可设计接水盘，如图 3.57（c）所示。还可以给肥皂盒设计盒盖，如图 3.57（d）所示。

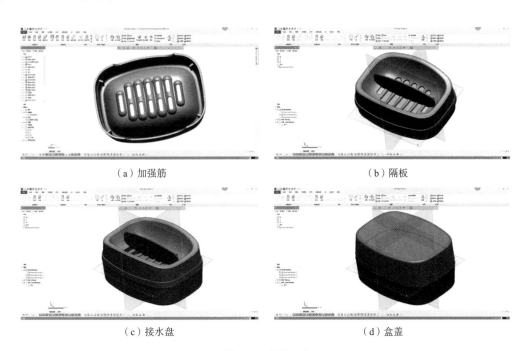

（a）加强筋　　　　　　　　　　　　　　　（b）隔板

（c）接水盘　　　　　　　　　　　　　　　（d）盒盖

图 3.57　创新设计

在工具栏中，点击"输出"按钮，点击"要素"选择需要输出的实体，单击"下一步"按钮，在对话框中输入文件名，保存 .stp 格式。

4．3D 检测

借助逆向工程进行复杂形状产品的 3D 检测是逆向工程技术应用的另一个重要领域。

用 Geomagic Control X 软件对实物模型点云数据及逆向设计后的 CAD 模型进行 3D 检测分析，具体步骤如下。

打开 Geomagic Control X 软件，分别导入点云数据及 CAD 模型，如图 3.58 所示；进行坐标对齐，如图 3.59 所示；设置测量对象及参考对象，进行 3D 对比，设置 3D 测量对象［如图 3.60（a）所示］，创建注释［如图 3.60（b）所示］；进行 2D 对比，选择对比截面［如图 3.61（a）所示］，创建注释［如图 3.61（b）所示］；查看模型的形状及位置公差，如图 3.62 所示；创建报告（如图 3.63 所示），并保存多边形 .stl 文件。

图 3.58　导入点云数据及 CAD 模型

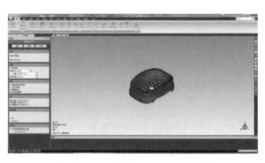

图 3.59　坐标对齐

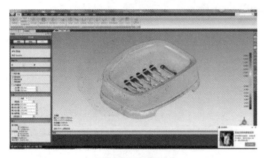

（a）设置 3D 测量对象

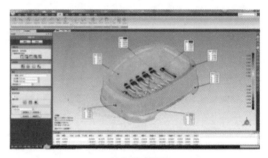

（b）创建注释

图 3.60　3D 对比

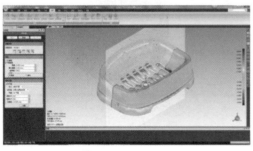

（a）选择对比截面

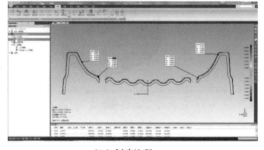

（b）创建注释

图 3.61　2D 对比

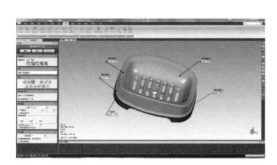

图 3.62 形状及位置公差

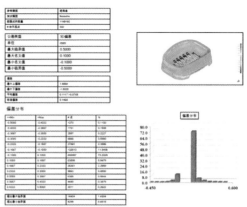

图 3.63 创建报告

第4章

制造工程文化

制造业是一个国家经济发展的基础和支柱产业，在整个国民经济中一直处于十分重要的地位，是国民经济的重要来源。目前，我国工业总产值在国民经济中所占比例为52%，其中制造业产值又占工业总产值的45%。

中国制造业面临着"双重挤压"。一方面，欧美发达国家推行"再工业化"战略，谋求在技术、产业方面继续占据领先优势，抢占制造业高端。另一方面，发展中国家则以更低的劳动成本，承接劳动密集型产业转移，抢占制造业中低端市场。在此种情况下，智能制造必将引发中国制造业变革。

当前，全球制造业正加快迈向数字化、智能化时代，智能制造对制造业竞争力的影响越来越大。

4.1 制造技术的历史发展

4.1.1 制造技术的发展

制造技术是制造业所使用的生产技术的总称，是将原材料和其他生产要素经济合理地转化为可直接使用的具有较高附加值的成品、半成品和技术服务的技术群。

人类的生存、生活、工作与制造密切相关。穿在身上的衣服是通过纺织机纺线，织布机织成布，再用缝纫机制成的；吃的粮食是通过播种、收割、加工而成的；住的楼房是通过工程建造的；所用的电能是由发电设备发出的；交通工具和生活、生产工具与机器都是通过一定的技术制造出来的。总之，组成国民经济结构的农业、工业、服务业及国防军工一切部门所需装备都需要制造技术。制造技术给人类带来了幸福，现代人完全无法脱离制造技术。

随着人类的不断进步，人类的需求不断变化和提升，推动了制造业的不断发展，促进了制造业的不断进步。

制造技术的发展经历了三个发展时期。

1. 古代的机械制造技术

1）铸造技术

人类掌握金属铸造工艺的历史已有 6000 多年。铸造工艺和金属的冶炼相伴而生。古埃及人最早掌握了铸造技术，并首先把这些技术运用于铜器的制作。

历史上早期出现的铸造方法是砂型铸造。由于其所用的造型材料价廉易得，铸型制造简便，对单件、成批和大量生产均能适应，直到现在它仍然是铸造生产业的基本工艺。

公元前 3000 年左右，欧洲人已经能在敞开的铸型中浇铸出形状简单的铜制斧头。公元前 450 年，欧洲已能制造出"掷铁饼者"这样精制的青铜塑像。到中世纪末，装饰青铜已用于欧洲的教堂和家庭。

中国发现最早的青铜器铸件的制成年代约为公元前 21 至前 17 世纪，相当于夏王朝的时代。虽然比埃及晚了约 3000 年，但发展很快，商代晚期和西周早期已进入青铜铸件的全盛期，工艺上已达到相当高的水平。商代铸造的后母戊鼎（原称司母戊鼎）形制雄伟，气势宏大，纹饰华丽，工艺高超，重 832.8 千克，是世界上迄今出土的最重的青铜器，如图 4.1 所示。

早期的铸件大多是农业生产、宗教、生活等方面的工具或用具，其中许多铸件艺术色彩浓厚。中国在公元前 513 年，铸出了世界上最早见于文字记载的铸铁件——晋国铸型鼎，重约 270 千克。在商代和西周时期，中国开始用铸造法制造钱币。

中国古代还出现了泥型铸造、金属型铸造和失蜡法

图 4.1　后母戊鼎

铸造等铸造技术。泥型铸造是随着制陶技术而发展起来的。考古发现了战国时代用白口铁的金属型浇铸生铁的铸件和铸型。

失蜡铸造是一种精密铸造方法，现称为熔模精密铸造。以失蜡法铸造的器物可以做到玲珑剔透，有镂空的效果。在古代很多地方都出现了这一技术。在以色列南部发现的失蜡铸造制品，用碳14做出的保守测定应当在公元前3700年前后。

欧洲在公元8世纪前后出现了铸铁件，这扩大了铸件的应用范围。在15世纪至17世纪，德、法等国先后铺设了不少向居民供饮用水的铸铁管道。

2）锻造和其他压力加工技术

锻造的出现比金属的冶炼和铸造还要早。在新石器时代晚期，人类开始利用天然铜。这种自然形态的铜，存在于铜矿的表面。人们在开采石料时，发现这种色泽鲜艳的"石头"非同一般，容易锻打成型，由此产生了最初的切割、弯曲、锻打、退火、磨砺等成型与加工工艺。大约在公元前6000年的两河流域和公元前5000至前4000年的埃及，都有用天然铜制成的装饰品。

明代《天工开物》一书中描述了锻制千钧锚的生产过程，如图4.2所示。中国的锻造技艺长期停留在手工操作阶段。

图4.2　明代《天工开物·锤锻·锚》中的图片

在古罗马时代，人们已经开始使用用人力或畜力将重物举起又使其落下的落锤。14世纪又出现了水力落锤，这样，人们就可以锻打大件器物了。

最早的锻模出现于公元前1600年，古希腊人用它来把金板和银板精压成首饰。中世纪后期，欧洲已经开始用锻模来锻造火炮的弹丸。

至迟在公元前5世纪，罗马已经开始用冲压法制造钱币，但这种方法在罗马帝国灭亡后失传了数百年。

中国在公元10世纪初，由制陶工艺演变出了金属旋压工艺。当时已将银、锡、铜等金属薄板旋压成各种瓶、盘、罐、壶等器皿和装饰品。直到13世纪，这种技术才传到英国和欧洲各国。

3）焊接技术

公元前3000多年，古埃及出现了锻焊技术。锻工连续反复地击打加热了的金属，直至焊合。在金字塔中就发现了一些具有复杂锻焊焊缝的铁器和铜器。

公元前2000多年，中国商朝采用铸焊来制造兵器；公元前200年以前，中国已经掌握了青铜的钎焊和铁器的锻焊工艺。

公元310年制造的印度德里铁柱（如图4.3所示），高达7.25米，直径400毫米，是古代世界上最大的金属制件，它是用多个小钢坯锻焊而成的（但观察其顶部的花纹，又似乎是铸造成型）。

图4.3　德里铁柱及其顶部

4）切削加工技术

公元前6000年，巴勒斯坦人就制作了弓形钻。它是利用弓和弦，把弦缠在带柄的钻头上使之旋转。这可以说是钻床的远祖。公元前1300年，古埃及出现了双人操作切割木制品的车床：一人用绳索旋转工件，一人手持刀具进行加工。

公元前8世纪至前5世纪，原始的木制车床在欧洲许多地方开始使用；13世纪出现了脚踏式木工车床。自古至今，人类一直在各种制造螺旋器件。在许多世纪里，人们在圆木棒上用手工切出或锉出螺纹。

2. 近代的机械制造技术

中世纪晚期，欧洲出现了手工工场，机械技术也在缓慢地发展。第一次工业革命中最重要的机械发明是珍妮纺纱机和瓦特蒸汽机。这两项发明的背景和工业革命前一两个世纪中纺织技术和采矿技术的发展是直接相关联的。

1）钟表的发明和钟表制造业的兴起

中世纪晚期以后，机械技术发展中的一件大事是钟表的发明和钟表制造业的兴起。13世纪至14世纪，在英格兰和意大利出现了欧洲最早的钟表。15世纪，出现了用发条驱动的钟表。

1656年，荷兰科学家惠更斯（C. Huygens）发现重摆的频率可以用来计算时间，发明了摆式钟表。惠更斯的钟表一天的走时误差不超过5分钟，比以前的任何钟表都准确得多。

16世纪中叶，瑞士的日内瓦出现了钟表制造业。

钟表制造业的出现揭开了欧洲近代机械工业的序幕。一方面，由于加工钟表零件的需要，出现了以人力为动力的加工螺纹和齿轮的机床；另一方面，更重要的是，钟表业培养了一大批机械技师。蒸汽机的发明者瓦特、蒸汽轮船的发明人富尔顿等人在青少年时代都做过钟表学徒或钟表匠。

2）印刷术与印刷机

活字印刷术发源于中国。11世纪毕昇发明的活字印刷术是世界印刷史上的巨大进步，13世纪后传到欧洲，但印刷机械却是欧洲人发明的。

文艺复兴期间，对印刷品的需求迅速增长，造纸术在欧洲已经普及。1434年，德国首饰匠人谷登堡（J. Gutenberg）开始研究活字印刷术。他以铅、锡、锑合金作为铸字材料，又模仿压榨机的结构发明了螺旋加压的、可以双面印刷的平板印刷机。

随后的半个世纪内，在欧洲的250个地方建立了1000余家印刷厂。印刷术成为支撑文艺复兴运动和宗教改革运动的技术手段。谷登堡发明的螺旋式平板印刷机虽然结构简单，但却沿用了300年之久。

3）采矿业的发展呼唤着新的动力

采矿业在中世纪经历了戏剧性的变化和发展。

14世纪时，对武器和铠甲的需求大幅度增加，火炮也已开始发展。军事和建筑业推动了对铁的需求。中世纪的采矿业已能够开采多种金属，包括用来打造饰物和铸造钱币的贵金属。当时英国对森林的砍伐速度远高于森林生长速度，煤作为燃料的作用突显出来，采煤工业发展很快。

中世纪矿井技术的首要问题是排水。起初，许多金属矿是露天形式矿开采的，不需要深掘矿井。但地表采完了，就不得不开始矿井开采，而且矿井越挖越深。每挖到一个新的矿层，涌出的地下水成为一个很现实的障碍。先期使用人力和畜力水车排水，但难以满足需求。

4）早期蒸汽机的发明

如前所述，当时采矿业发展的瓶颈问题是排出矿井中的水。使用畜力已不能满足需求，对新的动力的需求，首先是从这里开始的。

蒸汽机（Steam Engine）的发明是一个漫长的过程。

1690年，法国物理学家巴本（D. Papin）在德国制成了第一台有活塞和汽缸的实验性蒸汽机。1698年，英国矿山技师塞维里（T. Savery）制造了一台蒸汽水泵，这是一个由人工操作，利用蒸汽压力排出管中水的简单装置。塞维里的蒸汽水泵还实现了商业化生产，一直持续到18世纪末。英国铁匠纽可门（T. Newcomen）发明了大气压蒸汽机，并于1712年有效地应用于矿井排水和农田灌溉，此后又在英、法、德等国被使用，如图4.4所示。

纽可门和塞维里的蒸汽机耗煤量大、效率低，而且只能输出往复直线运动，但他们的工作为瓦特改进蒸汽机奠定了基础。

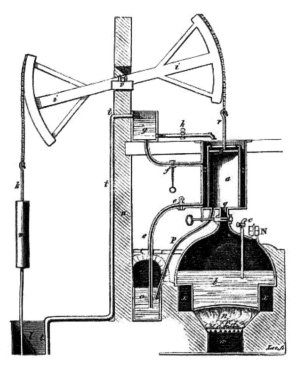

图4.4　纽可门发明的大气压蒸汽机

图 4.5 飞梭

5）纺织机械的进步

纺织业是当时英国第一重要的工业部门，但是，脚踏纺车和手工织布机从中世纪以来就没有什么改进。

1733 年，英国钟表匠凯伊（J. Kay）发明了飞梭，大大地提高了织布机的效率，如图 4.5 所示。

18 世纪 60 年代，飞梭织布机得到大量应用。一个织布工人所需要的纱，需要 10 个纺纱工人才能供得上。这促使了珍妮纺纱机的诞生，而珍妮纺纱机的诞生则成为第一次工业革命开始的标志。

6）钢铁冶炼技术

16 世纪后，欧洲开始用生铁铸造大炮。这一时期出现了用高炉冶炼铸铁的技术，将铸铁再用精炼炉脱碳即可得到可锻铁（熟铁）。当时的高炉厂都建在水流湍急的河流旁，以便利用水车驱动鼓风机吹风来提高炉温。

炼铁技术的发展，使得更多的机器零件开始用生铁代替木材。

18 世纪中叶出现的坩埚炼钢法、搅炼法等初级炼钢方法，一直使用到 19 世纪中叶，才被更先进的方法代替。

7）工程机械

15 世纪，意大利人发明了转臂式起重机。这种起重机有一根倾斜的悬臂，臂顶装有滑轮，既可升降又可旋转。但直到 18 世纪，人类所使用的各种起重机械还都是以人力、畜力为主要动力的，在起重量、使用范围和工作效率上很有限。

3. 当代的机械制造技术

当代制造技术的发展主要经历了以下三个阶段。

1）刚性自动化发展时期

20 世纪初，内燃机的发明，引发了制造业的革命，流水生产线和泰勒式工作制及其科学管理方法得到了应用。特别是第二次世界大战期间，以大批量生产为模式，以降低成本为目的的刚性自动化制造技术和科学管理方式得到了很大的发展。例如，福特汽车公司用大规模刚性生产线代替手工作业，使汽车的价格在几年内降低到原价格的 1/8，推动了汽车进入家庭，奠定了美国汽车业发展的基础。然而,这类自动机和刚性自动线的生产工序和作业周期固定不变,仅仅适用于单一品种的大批量生产的自动化。

2)柔性自动化发展时期

自第二次世界大战之后,计算机、微电子、信息和自动化技术有了迅速发展,推动了生产模式自大中批量生产自动化向多品种小批量柔性生产自动化转变。在此期间,形成了一系列新型的柔性制造技术,如数控技术(NC)、计算机数控(CNC)、柔性制造单元(FMC)、柔性制造系统(FMS)等,同时有效地应用了一系列运用系统论、运筹学等原理和方法的现代化生产管理模式,如及时生产(JIT)、全面质量管理(TQM),以提高企业的整体效益。

3)综合自动化发展时期

自 20 世纪 80 年代以来,随着计算机及其应用技术的迅速发展,促进了制造业中包括设计、制造和管理在内的单元自动化技术逐渐成熟和完善,如计算机辅助设计与制造(CAD/CAM)、计算机辅助工艺规划(CAPP)、计算机辅助工程(CAE)、计算机辅助检测(CAT);在经营管理领域内的物料需求规划(MRP)、制造资源规划(MRP Ⅱ)、企业资源规划(ERP)、全面质量管理(TQM)等;在加工制造领域内的直接或分布式数控(DNC)、计算机数控(CNC)、柔性制造单元/系统(FMC/FMS)、工业机器人(ROBOT)等。为了充分利用各项单元技术资源,发挥其综合效益,以计算机为中心的集成制造技术从根本上改变了制造技术的面貌和水平,并引发了企业组织机构和运行模式革命性的飞跃。在此期间,体现新的制造模式的计算机集成制造系统(CIMS)、并行工程(CE),以及精良生产(LP)得到了实践、应用和推广。此外,各种先进的集成化、智能化加工技术和装备,如精密成型技术与装备、快速成型技术与系统、少无切削技术与装备、激光加工技术与装备等进入了一个空前发展的阶段。

4.1.2 制造技术演进案例

1.切削加工机床

1)机床早期雏形

图 4.6 所示为古埃及石刻,图 4.7 所示为根据石刻仿绘的素描。其原理是,将绳子系在要切削的木棒上,交替拉动绳子的两端,棒子就可以转动了,再用刀具接触木棒,就可以顺利地切削圆棒。

图 4.8 所示为早期的弓钻,这是一种钻孔技术,把磨尖的石块安在木棒的头部,再在木棒上缠上弓弦,使弓前后动作,就可以带动木棒转动。这样,尖石就可以钻孔了。用此原理可以实现圆棒的车削,图 4.9 所示为罗马弓,图 4.10 所示为希腊罗马早期的脚踏机床。

图 4.6　古埃及石刻

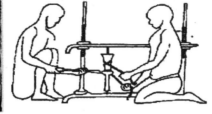

图 4.7　根据石刻仿绘的素描

图 4.8　早期的弓钻

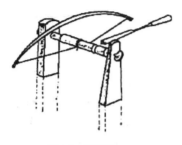

图 4.9　罗马弓

图 4.10　希腊罗马早期的脚踏机床

2）中世纪的机床

中世纪欧洲发明的脚踏机床，如图 4.11 所示，其原理是将绳子系在一根木质"桥"（木条）上，该"桥"是安装在一根较高的棒子上，再将绳子绕在工件上，在下端安上一个踏板。用脚踏下面的踏板，工件就可以左右转动，高棒上的木条就起到弹簧的作用。今天把车床称为"Lathe"，这一词汇也是从这种高棒上的木条而来的。

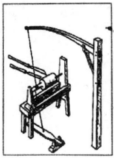

图 4.11　中世纪的脚踏机床

脚踏踏板是最简单的驱动装置，到中世纪结束时，这种方法被应用于多种机械。另外，脚踏踏板使其转动的装置——曲轴，很早被发明出来了，它是把往复运动变为旋转运动的最重要的方法之一，这样就初步完成了从辘轳到车床的一个发展。图 4.12 所示为文艺复兴时期出现的大轮，图 4.13 所示为文艺复兴时期达·芬奇对于机床的一些想法与草图。

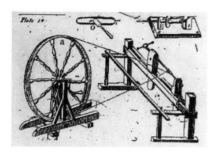
图 4.12　文艺复兴时期出现的大轮

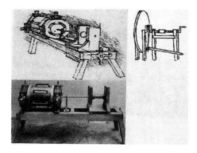
图 4.13　文艺复兴时期达·芬奇对于机床的一些想法与草图

3）18 世纪的机床

随着工业革命的开展，各种机床逐步问世，对其精度的要求也日益增强。另外木制的机床很快就会松动，因此此时的机床逐步改用坚固的金属来制造，提高了机床的质量。图 4.14 所示为 18 世纪的金属机床。

斯密顿是 18 世纪最优秀的机械技师之一。在制作蒸汽机时，斯密顿最感到棘手的是加工汽缸。因为想要将一个大型的汽缸内圆加工成圆形，是相当困难的。斯密顿在卡伦铁工厂制作了一台切削汽缸内圆用的特殊机床——镗床，如图 4.15 所示。这种镗床用水车作动力驱动，在其长轴的前端安装上刀具，这种刀具可以在汽缸内转动，这样就可以加工其内圆。

图 4.14　18 世纪的金属机床

图 4.15　斯密顿的镗床

图 4.16 所示为威尔金森镗床，这是第一台真正的机床，是加工机器的机器。它首先被用来加工瓦特蒸汽机气缸，大大提高了效率。这种镗床利用水轮使材料圆筒旋转，并使其对准中心固定的刀具推进，由于刀具与材料之间有相对运动，材料就可以被镗出精确度很高的圆柱形孔洞。

图 4.16　威尔金森镗床

图 4.17　布兰查德车床

4）19 世纪的机床

1820 年，美国马萨诸塞州的托马斯·布兰查德发明了可以把木质枪托完整精加工成型的机床，图 4.17 所示为布兰查德车床，是仿形机床的原型。

随着机床的迅速发展，大量的机械装备被制造出来，因此需要大批的螺栓和螺母。如果不改进当时螺栓和螺母的生产方法，显然其生产能力无法满足这一发展需要，故而出现了转塔车床。图 4.18 和图 4.19 分别为斯顿的转塔车床和菲奇的转塔车床。

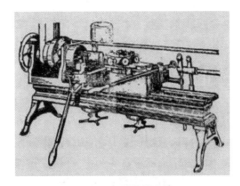

图 4.18　斯顿的转塔车床

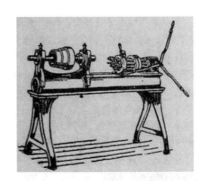

图 4.19　菲奇的转塔车床

图 4.20　林肯铣床

19 世纪，英国人为了蒸汽机等产品的需要发明了镗床、刨床，而美国人为了生产大量的武器，发明了铣床。铣床是一种带有形状各异铣刀的机器，它可以切削出特殊形状的工件，如螺旋槽、齿轮形等。19 世纪 40 年代，普拉特设计了林肯铣床，如图 4.20 所示。

5）普通机床

20 世纪初，为了加工精度更高的工件、夹具和螺纹加工工具，相继创制出坐标镗床（如图 4.21 所示）和螺纹磨床。同时为了适应汽车部件和轴承等工业大量生产的需要，又研制出各种自动机床、仿形机床、组合机床和自动生产线。

1900 年进入精密化时期。19 世纪末到 20 世纪初，单一的车床已逐渐演化出了铣床、刨床、磨床、钻床等，这些主要机床已经基本定型，这样就为 20 世纪前期的精密机床与生产机械化和半自动化创造了条件。

在 20 世纪的前 20 年内，人们的机械制造主要是围绕铣床、磨床和流水装配线展开的。由于汽车、飞机及其发动机生产的要求，在加工大批形状复杂、精度高、光洁度高的零件时，迫切需要精密的、自动的铣床（如图 4.22 所示）和磨床。多螺旋线刀刃铣刀的问世，基本上解决了单刃铣刀所产生的振动和光洁度不高而使铣床得不到发展的困难，使铣床成为加工复杂零件的重要设备。

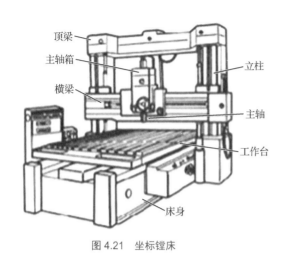

顶梁
主轴箱
横梁
主轴
工作台
立柱
床身

图 4.21　坐标镗床

图 4.22　精密的、自动的铣床

被世人誉为"汽车之父"的福特提出：汽车应该是"轻巧的、结实的、可靠的和便宜的"。为了实现这一目标，必须研制高效率的磨床，为此，美国人诺顿于 1900 年用金刚砂和刚玉石制成了直径大而宽的砂轮和刚度大而牢固的重型磨床。磨床的发展，使机械制造技术进入了精密化的新阶段。

1920 年进入半自动化时期。在 1920 年以后的 30 年中，机械制造技术进入了半自动化时期，液压和电气元件在机床和其他机械上逐渐得到了应用。1938 年，液压系统和电磁控制不但促进了新型铣床的发明，而且在龙门刨床等机床上也开始推广使用。20 世纪 30 年代以后，行程开关——电磁阀系统几乎用到各种机床的自动控制上了。

6）数控机床

20 世纪 50 年代开始，机械制造进入自动化时期。第二次世界大战以后，由于数控、群控机床及自动线的出现，机床的发展开始进入自动化时期。数控机床是在电子计算机发明之后，运用数字控制原理，将加工程序、要求和更换刀具的操作数码和数字码作为信息进行存储，并按其发出的指令控制机床，按既定的要求进行加工的新式机床。

随着数控技术的发展，采用数控系统的机床品种日益增多，有车床、铣床、镗床、钻床、磨床、齿轮加工机床和电火花加工机床等。此外还有能自动换刀，一次装卡进行多工序加工的加工中心、车削中心等。1949 年，美国帕森斯公司与美国麻省理工学院合作，开始了数控机床研究，并于 1952 年试制成功第一台由大型立式仿形机床改装而成的三坐标数控铣床，不久便开始正式生产。1959 年，晶体管元件和印制电路板的发明，使数控装置进入了第二代，体积缩小，成本有所下降。1960 年以后，较为简单和经济的点位控制数控钻床和直线控制数控铣床得到较快发展。1965 年，出现了第三代集成电路数控装置，促进了数控机床品种和产量的发展。20 世纪 60 年代末，先后出现了由一台计算机直接控制多台机床的直接数控系统（简称 DNC），又称群控系统；采用小型计算机控制的计算机数控系统（简称 CNC），使数控装置进入了以小型计算机化为特征的第四代。1974 年，研制成功使用微处理器和半导体存储器的微型计算机数控装置（简称 MNC），这是第五代数控装置。

自 20 世纪 80 年代开始，随着计算机软硬件技术的发展，出现了能进行人机对话式自动编制程序的数控装置；数控装置日趋小型化，可以直接安装在机床上；数控机床的自动化程度进一步提高，具有自动监控刀具破损和自动检测工件等功能。20 世纪 90 年代后期，出现了 PC+CNC 智能数控系统（以 PC 机为控制系统的硬件部分，在 PC 机上安装 CNC 软件系统），易于实现网络化制造。

美国政府重视机床工业，美国国防部等部门因其军事方面的需求而不断提出机床的发展方向、科研任务，网罗世界人才，鼓励提升效率和科技创新，注重基础科研。

德国政府一贯重视机床工业的重要战略地位，在多方面大力扶植。在 1956 年研制出第一台数控机床后，德国特别注重科学试验、理论与实际相结合、基础科研与应用技术科研并重。企业与大学科研部门紧密合作，在质量上精益求精。德国特别重视数控机床主机及配套件的先进实用，其机、电、液、气、光、刀具、测量、数控系统、各种功能部件在质量、性能上居世界前列。

日本政府对机床工业的发展异常重视，通过规划、法规（如《机振法》《机电法》《机信法》等）引导其发展。在重视人才及机床元部件配套上学习德国，在质量管理及数控机床技术上学习美国，甚至青出于蓝而胜于蓝。自 1958 年研制出第一台数控机床后，1978 年产量（73142台）超过美国（5688 台），至今产量、出口量一直居世界首位。

我国数控技术的发展起步于 20 世纪 50 年代。尽管如此，70% 以上的此类设备和绝大多数的功能部件均依赖进口。究其原因主要在于国产数控机床的研究开发深度不够、制造水平依然落后、服务意识与能力欠缺、数控系统生产应用推广不力及数控人才缺乏等。

2. 机器人

1920 年，捷克斯洛伐克作家卡雷尔·恰佩克在他的科幻小说《罗萨姆的机器人万能公司》中，根据 Robota（捷克文，原意为"劳役、苦工"）和 Robotnik（波兰文，原意为"工人"），创造出"机器人"这个词。

1939 年，美国纽约世博会上展出了西屋电气公司制造的家用机器人 Elektro，如图 4.23 所示。它由电缆控制，可以行走，会说 77个单词，甚至可以抽烟，不过离真正干家务活还差得远，但它让人们对家用机器人的憧憬变得更加具体。

1942 年，美国科幻巨匠阿西莫夫提出"机器人三定律"。虽然这只是科幻小说里的创造，但后来成为学术界默认的研发原则。

图 4.23 家用机器人 Elektro

1948 年，诺伯特·维纳出版的《控制论》，阐述了机器中的通信和控制机能与人的神经、感觉机能的共同规律，率先提出建设以计算机为核心的自动化工厂。

1954 年，美国人乔治·德沃尔制造出世界上第一台可编程的机器人（如图 4.24 所示），并注册了专利。这种机械人能按照不同的程序从事不同的工作，具有通用性和灵活性。

图 4.24　乔治·德沃尔和第一台可编程的机器人

1956 年，在达特茅斯会议上，马文·明斯基提出了他对智能机器的看法：智能机器"能够创建周围环境的抽象模型，如果遇到问题，能够从抽象模型中寻找解决方法"。这个定义影响到之后 30 年智能机器人的研究方向。

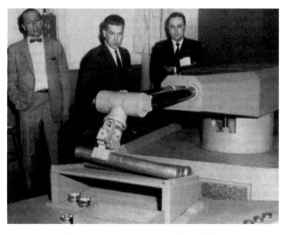

图 4.25　VERSTRAN 工业机器人

1959 年，德沃尔与美国发明家约瑟夫·英格伯格联手制造出第一台工业机器人，随后，成立了世界上第一家机器人制造工厂——Unimation 公司。由于英格伯格对工业机器人的研发和宣传，他也被称为"工业机器人之父"。

1962 年，美国 AMF 公司生产出 VERSTRAN 工业机器人（意思是万能搬运，如图 4.25 所示），与 Unimation 公司生产的 Unimate 一样成为真正商业化的工业机器人，并出口到世界多国，掀起了全世界对机器人和机器人研究的热潮。

1962 年至 1963 年，传感器的应用提高了机器的状态感知和操作的可控性。人们试着在机器人上安装各种各样的传感器（图 4.26 所示为装有传感器的机器人），包括 1961 年恩斯特采用的触觉传感器，托莫维奇和博尼于 1962 年在世界上最早的"灵巧手"上用到的压力传感器，麦卡锡于 1963 年则开始在机器人中加入视觉传感系统，并在 1965 年帮助 MIT 推出了世界上第一个带有视觉传感器，能识别并定位积木的机器人系统。

1965 年，约翰霍普金斯大学应用物理实验室研制出 Beast 机器人。Beast 已经能通过声呐系统、光电管等装置，根据环境校正自己的位置。20 世纪 60 年代中期开始，美国麻省理工学院和斯坦福大学、英国爱丁堡大学等大学陆续成立了机器人实验室，美国开始研究第二代带传感器、"有感觉"的机器人，并向人工智能进发，图 4.27 所示为第二代机器人。

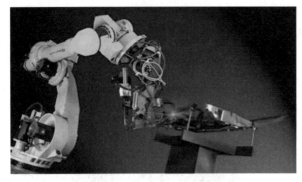

图 4.26 装有传感器的机器人

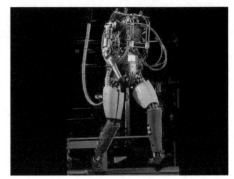

图 4.27 第二代机器人

摄像机

测距仪

控制器

视觉处理单元

路面检测

脚轮

驱动电机　驱动轮

图 4.28 机器人 Shakey

1968 年，美国斯坦福研究所公布了他们研发成功的机器人 Shakey（如图 4.28 所示）。它带有视觉传感器，能根据人的指令发现并抓取积木，不过控制它的计算机有一个房间那么大。Shakey 可以算是世界第一台智能机器人，拉开了机器人研发的序幕。

1969 年，日本早稻田大学加藤一郎实验室研发出第一台以双脚走路的机器人。加藤一郎长期致力于研究仿人机器人，被誉为"仿人机器人之父"。日本专家一向以研发仿人机器人和娱乐机器人技术见长，后来更进一步，催生出本田公司的 ASIMO 和索尼公司的 QRIO。

1973 年，世界上第一次机器人和小型计算机携手合作，由美国 Cincinnati Milacron 公司研发了机器人 T3。

1978 年，美国 Unimation 公司制造出通用工业机器人 PUMA（如图 4.29 所示），这标志着工业机器人技术已经完全成熟。PUMA 至今仍然工作在工厂第一线。

1984 年，约瑟夫·英格伯格再推出机器人 Helpmate，这种机器人能在医院里为病人送饭、送药、送邮件。同年，他还预言："我要让机器人擦地板、做饭，出去帮我洗车、检查安全"。

图 4.29 工业机器人 PUMA

1990 年，中国著名学者周海中教授在《论机器人》一文中预言：到 21 世纪中叶，纳米机器人将彻底改变人类的劳动和生活方式。

1998 年，丹麦乐高公司推出机器人（Mind-storms）套件，让制造机器人变得跟搭积木一样相对简单又能任意拼装，使机器人开始走入个人世界。

1999 年，日本索尼公司推出犬型机器人爱宝（AIBO），当即销售一空，从此娱乐机器人成为机器人迈进普通家庭的途径之一，图 4.30 所示为日本索尼公司推出犬型机器人爱宝。

2002 年，美国 iRobot 公司推出了吸尘器机器人 Roomba（如图 4.31 所示），它能避开障碍物，自动设计行进路线，还能在电量不足时，自动驶向充电座。Roomba 是目前世界上销量高、商业化程度好的家用机器人。

图 4.30　犬型机器人爱宝

图 4.31　吸尘器机器人 Roomba

2006 年 6 月，微软公司推出 Microsoft Robotics Studio（如图 4.32 所示），机器人模块化、平台统一化的趋势越来越明显，比尔·盖茨预言，家用机器人很快将席卷全球。

2012 年，"发现号"航天飞机（Discovery）的最后一项太空任务是将首台人形机器人送入国际空间站。这位机器宇航员被命名为"R2"（如图 4.33 所示），它的活动范围接近于人类，并可以执行那些对人类宇航员来说太过危险的任务。美国宇航局表示："随着我们超越低地球轨道，这些机器人对美国宇航局的未来至关重要。"

图 4.32　比尔·盖茨和机器人

图 4.33　机器人 R2

2014 年，中国第 116 届广交会会展中心，机器人"旺宝"（BENEBOT）（如图 4.34 所示）能够热情招呼访客，而这款出自科沃斯（ECOVACS）的导购机器人，可以与人类进行视频或音频对话，使消费者迅速了解商品信息。

英国的计算机科学之父阿兰·图灵在1950年提出了著名的"图灵测试"理论，表示能够通过测试的就是人工智能机器人。之后虽然无数的机器人在测试中失败，但是在2014年6月7日阿兰·图灵逝世60周年纪念日那天，在英国皇家学会举行的"2014图灵测试"大会上，聊天程序"尤金·古斯特曼"（Eugene Goostman）首次通过了图灵测试，如图4.35所示。

图4.34 机器人旺宝

图4.35 Eugene Goostman

3. 标准化生产

1876年，德国发明家鄂图发明了世界上第一台内燃机，另一名德国人戴姆乐将它装在自行车上，成为世界上第一辆摩托车。1886年，德国人奔驰将内燃机第一次安装在一辆三轮车上，成为世界上第一辆汽车。只是，这辆汽车的车轮是用木料做的，外面包了一圈金属。直到1895年，人们才成功地将轮胎装到汽车上，但是当时的汽车造价颇高，并不适合大批生产。

汽车工业的革命是从福特T型车（如图4.36所示）和现代汽车生产流水装配线（如图4.37所示）作业开始的。福特决定设计一种特别适用于批量消费市场和最恶劣条件的汽车。1908年推出的T型小汽车，简洁、结实而且便于修理，并去掉了一切不必要的修饰。1914年，他们集近代生产体系于一体，并大量生产具有可互换性的部件，还采用了流水装配线作业。排列在福特工厂中的一排排相同的福特T型汽车标志着设计思想的重大变化。福特在美学上和实际上把标准化的理想转变成了消费产品的生产，这对于后来现代主义的设计产生了很大的影响。这种流水线方式在增加产量和减少成本方面极为成功。由此标志着新一代的高技术工业和高技术产品的出现。

图4.36 福特T型车

图4.37 现代汽车生产流水装配线

汽车的发展也促进了公路建设的发展。20世纪30年代，德国和美国进行了高速公路的建设。同时，汽车的发展也带动了相关的石油、橡胶、玻璃、钢铁等工业的发展，促进了汽车各零件精密加工相关技术的进步。

1906年研制成功的N型车因廉价而畅销，福特看到了薄利多销的好处。1907年7月，福特在董事会上宣布自己的理念："公司将致力于生产的标准化，生产规格统一、价格低廉、质量优越和为广大公众可接受的产品。"这是福特多年来致力于解决生产混乱问题的应对之举。福特曾对公司创始人之一约翰·安德森强调标准化的意义：产品的制造若不能像"别针或火柴"一样统一规格，大规模生产便遥遥无期。

1907年，福特汽车公司集中精力研究行星齿轮传动系统，安置固定在发动机内部的磁电机，创造"溅酒式"润滑系统和独特的后驱动轴及三点悬置工作原理等，另外，还有车身上鲜明的标记"FORD"。福特以标准化制造方式生产的黑色T型车，一度占据世界汽车市场份额的50%。福特在把汽车从高档消费品变成了人们的必要交通工具的同时，也降低了汽车生产的整体成本。

标准化是一门学科，同时又是一项管理技术，其应用范围几乎覆盖人类活动的一切领域。标准化是人类实践活动的产物，同时又是规范人类实践活动的有效工具，通过制定和实施标准达到统一，以获得最佳秩序和效益。

19世纪中叶，工业发达国家的产业界为了便于贸易和减少生产中的浪费，在容易联络和集中的同行者之间开始协商，发起了团体标准化活动。许多公司联合成立了行业学会或协会，开始了行业专业标准化。例如，1841年英国土木工程师学会就开始了螺纹标准化活动，1852年美国成立了土木工程师协会。

以后各工业国陆续成立了各种标准化团体，行业标准化得到迅速发展。

贝伦斯设计的水壶（如图4.38所示）是以标准化零件为基础制成的，用这些零件可以灵活地装配成80余种水壶。其中一共有两种壶体、两种壶嘴、两种提手和两种底座。材料有三种，即黄铜、黄铜镀锌、黄铜镀镍，这三种材料又各有三种不同的表面处理形式，即光滑的、锤打的和波纹的。此外还有三种不同的尺寸，而插头和电热元件是通用的。正是这种用有限的标准零件组合以提供多样化产品的探索，使贝伦斯的工作富有创新意义，也使他自己成了现代意义上的第一位工业设计大师。

图4.38 贝伦斯设计的水壶

1）统一螺纹标准

惠特沃斯（Whitworth）生产机床时，正是英国工业革命后经过了50多年发展的黄金时代。惠特沃斯陆续建立多家机床制造工厂，并按各自的方法生产机床。因此，即使是相同种类的部件、具有相同机能的螺纹之类的零件，因制造工厂不同其尺寸也不同，完全没有统一的规格。

螺纹是机械的重要部件之一，是必不可缺少的。另外，螺纹作为零件使用的地方也较多。

惠特沃斯大量收集了经常使用的螺纹，并测量了尺寸、形状。最终确定了一种标准螺纹的尺寸，于1841年刊登在英国土木学会的学会杂志上。而且，建议全部的机床生产业者都采用同一尺寸的标准螺纹，从而提出了世界上第一份螺纹国家标准（BS84，惠氏螺纹，B.S.W.和B.S.F.），奠定了螺纹标准的技术体系。

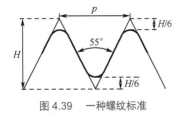

图4.39　一种螺纹标准

1905年，英国人泰勒（William Taylor）发明了螺纹量规设计原理（泰勒原理）。从此，英国成为世界上第一个全面掌握螺纹加工和检测技术的国家，英制螺纹标准是世界上现行螺纹标准的祖先，英制螺纹标准最早得到了世界范围的认可和推广，图4.39所示为一种螺纹设计标准。

2）伊莱·惠特尼与"美国制造体系"

标准化思想也许最早并非由伊莱·惠特尼（Eli Whitney）提出，在人类社会发展的长河中，可能已有过星星点点的思想启蒙，但真正意义上的大规模生产体制却是在伊莱·惠特尼的时代才有了实践。由于伊莱·惠特尼的大胆创新和实践，他被认为是这场"标准革命"的关键人物。伊莱·惠特尼所倡导的"划一制"，也被称为"通用制"或"惠特尼体制"，就是我们今天标准化思想的直接源起。其后经过泰勒、福特等众多杰出人物的发展，标准化思想体系日趋成熟。

惠特尼最大的贡献就是，提出了大量生产可互换零件的概念。当时美国制造步枪（如图4.40所示）的工艺陈旧，每支枪由一个工人承制全部零件并自己装配，因而无法满足政府所需的4万支枪的需要。惠特尼打破了传统工艺，先大量生产可以可互换的零件，再装配成步枪，使得生产过程大大加速。他曾当着当时的美国总统杰斐逊和其他高级官员的面，实地表演从一大堆散装零件中装配步枪，从而得到普遍的认可。这种先生产可互换零件再装配的方法，开辟了美国工业化大批量生产的新时代。

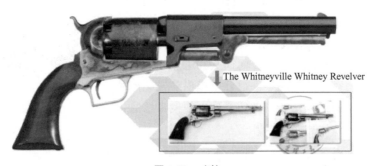

The Whitneyville Whitney Revelver

图4.40　步枪

惠特尼在早期科学管理方面的贡献主要体现在以下五个方面。

①采用了铣床等机器和科学的加工方法，使部件实现标准化并可以互换。

② 建立了广泛的成本会计制度。在惠特尼的工厂中，步枪的每一种部件、每一生产过程都能以元、角、分来记录会计账目。

③ 实行了质量控制措施。例如，检验员对步枪的通条进行检验，将通条摔在枪管上，如果通条没有发出响亮的声音，就视为废品而拒绝收下。

④ 认识到了管理幅度原则。他曾说："我发现我想多雇佣些工人来建立工厂和制造工具的企图是徒劳无功的——除非我能同时在许多地方出现——我不仅要告诉工人，而且要表演给他们看每一件事怎样做。"

⑤ 认识到了实际的试验和理论的关系。他曾说："我完全意识到，实际的试验是理论的唯一试金石，是我们能辨别建立在科学原则上的理论与建立在胡思乱想上的空想计划的可靠准则……迄今为止，我满意地发现，我对自己方案的试验表明它完全符合我的期望。"

18 世纪时美国还是一个农业国家，到了 19 世纪中叶，美国工业则迅速起飞，并逐步取代了英国等而成为世界上最强大的工业生产国。由于美国缺乏廉价劳动力，机械化的速度大大超过欧洲。为了适应大规模的机器生产，在美国发展了一种新的生产方式，这种方式确定了现代工业化批量生产的模式和工艺。其特点是：标准化产品的大批量生产；产品零件具有可互换性；在一系列简化了的机械操作中使用大功率机械装置等，这就是所谓的"美国制造体系"。

这种具有可互换性的设计基本方法大约从 1800 年开始兴起，它是当时流行的一种观念，产生于一个连续的改革过程之中，而每一种改进都被其竞争者急切地采用。军火商霍尔（John H Hall）特别强调和发展了可互换性，即着重解决精确度量和生产中的准确性这两个关键问题。他的目标是："使枪的每一个相同部件完全一样，能用于任何一支枪。这样，如果把一千支枪拆散，杂乱地堆放在一起，它们也能很快地被重新装配起来。"

19 世纪中叶，美国制造体系在另一个军火领域——左轮手枪的生产中达到了新的发展高度。军火商柯尔特（Samuel Colt）博采众家之长，采用了批量生产的方式，并注重产品的市场销售，最终大获成功。1851 年生产的柯尔特"海军"型左轮手枪（如图 4.41 所示）是其典型的产品，机件简化到了最低限度，其可互换部件的精密度使其成了沿袭多年的手枪标准形式。

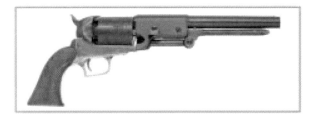

图 4.41　柯尔特"海军"型左轮手枪

美国制造体系的发展与兵器生产密切相关并不是偶然的。美国制造体系在国外重要的应用也是在军火生产方面。1853 年，英国政府采用美国机器建立了英菲尔德兵工厂，美国的装备还被用于普鲁士和法国。美国制造体系的发展得到了政府的支持，但是，美国的特别之处在于，把这种体系应用到了没有政府资助的其他产业领域之中。出现这种情况，一方面是由于技术工人缺乏，另一方面是美国没有欧洲那种根深蒂固的手工艺传统。1853 年，一个调查美国制造体系的英国代表团指出，"对于目前生产和应用省力机械方面所取得的成就，美国人常常流露出不满足，他们对于新的观念充满了热切的期望……"。

1850年，美国制造体系传播到了新英格兰的其他工业领域，后来又扩散到了更广泛的地区。钟表业是最早引入新体系的民用工业之一，一些厂家用薄的圆形铜片来冲制齿轮，而不用先前的黄铜铸造法，这进一步发展了美国制造体系。1850年，钟表业开始进行批量生产手表的尝试，采用军火生产的方式及其他的新技术。至19世纪末，钟表业已成了重要的产业。

欧洲的观察家们认为美国"产品粗糙"，由于使用廉价材料，因而其价格便宜。但1851年伦敦"水晶宫"博览会使人们的态度开始转变。美国为博览会提供的展品是临时匆匆收集起来的，无法摆满已经预订的展台，这在伦敦报界被传为笑柄。但由于有机会在较长时间内研究这些展品，使人们又对它们刮目相看。到展览结束时，其中一些产品已获得了相当好的声誉，特别是之前提及的柯尔特手枪和一些农业机械。一个后来出访美国的英国代表团指出："美国人展示了大量的新颖设计和勇敢的开拓精神，如果我们要保持我们在世界广大市场上的已有地位，就应努力效仿他们。"

美国制造体系的演化表明，为了进行批量生产，产品就必须标准化，即部件的尺寸设计应该精密并严格一致。随着20世纪工业生产和商业组织的发展，标准化的概念也扩展了，具有了新的含义，其重要性日益显现，因此对工业设计产生了很大影响。

到20世纪初，标准化的概念已经在各个方面稳固地建立起来，并设立了许多制定和推广标准化的机构，力图在国家层次上建立技术测量的基本标准和连接标准，以保证可互换性。1902年，英国工程师标准协会（即后来的英国标准协会）成立。1916年，德国标准化协会发起了一场全国范围的广泛的标准化运动。标准化的必要性因第一次大战期间的军事压力而再次体现出来。美国标准化协会成立于1918年，这些机构都试图在现行最佳的基准上，通过有关团体的协商来制定标准。

3）各国发展的不同的标准化

各国发展的不同的标准化进程有以下几个典型实例。

［英］惠特沃斯（Whitworth，1830—1887）机床制造，标准化的螺纹、螺钉、螺母测量体系——要求工人具有高度的手艺水平——人的标准。

［美］史那斯（Sellars）1870年设计的体系——普通工人使用自动机床准确而低成本地进行大批量生产——机器标准。

［德］普鲁士标准——国家标准体系——铁路国家生产的标准化。

［德］企业的标准化——通用公司（AEG）和西门子公司——家用电器的标准化。

4.2 制造工程文化的概念与特征

4.2.1 制造工程文化的概念

制造工程文化是工程文化的一种表现形式，是在制造工程建设活动中所形成、反映、传播的文化现象。

制造工程文化现象的形成、反映、传播是一个连续的过程，不是割裂的，是在同一时空里实现的。制造工程文化是人类使用制造工具所形成的一种精神产品，因而制造工程文化是在制造工程建设与实施过程中形成的一种文化现象。在人类使用工具征服自然的过程中，总是在冰冷的机械打上自己思维意识的烙印，这也就逐渐形成了独特的制造工程文化。

中西方由于地域、民族的不同，形成了不同的制造工程文化。但总体来看，制造工程文化表现为一种科学技术的进步和扩张。制造工程文化在体现人类文明进步的必然性的同时，也带来了些负面影响。例如，加铅汽油的使用，使得汽车发动机性能迅速提高，压缩比也逐渐增加，但汽油排出的废气中含有的铅危及人体健康。废气的大量释放，形成温室效应，对环境形成严重威胁等。

4.2.2 制造工程文化的特征

制造工程文化的特征包括以下四个方面。

1. 实用性

制造工程的历史价值主要表现在，制造工程技术在东西方社会经济和科技发展中占据十分重要的位置。制造工程技术的运用，使得农业、手工业、商业、纺织、造船、军事等方面都取得了长足的进步。

1）促进了农业的进步

我国春秋时期，铁器在农业生产上已经初现。到战国时期，铁制农具的应用已多有应用，标志着社会生产力的显著提高。

公元前 5000 年，中国出现原始耕地工具——耒耜，这是中国机械史上第一件机械。耧车是一种畜力播种工具，据东汉崔寔《政论》的记载，耧车由三只耧脚组成，下有三个开沟器，播种时用一头牛拉着耧车，耧脚在平整好的土地上开沟播种，同时进行覆盖和整压，一举数得，省时省力。

自 20 世纪 40 年代起,欧美各国的谷物联合收割机逐步由牵引式转向自走式。60 年代,水果、蔬菜等收获机械得到发展。自 70 年代开始,计算机和电子技术逐步应用于农业机械作业过程的监测和控制,逐步向作业过程的自动化方向发展。

2)推动了手工业和商业的兴盛

早在春秋时代,我国就已经发明生铁冶炼技术,比欧洲早 1900 年。春秋晚期,晋国曾把成文的刑法铸在铜铁合金鼎上颁布。战国时期,铁矿山达到 30 多处。那时候,煮盐业、纺织业和漆器业都有显著进步。

1765 年,瓦特发明了有单独冷凝器的蒸汽机,降低了燃料消耗率。1781 年,瓦特又设计出提供回转动力的燃汽机,扩大了蒸汽机的应用范围。蒸汽机的发明和发展,使矿业、工业生产、铁路和航运都得以机械动力化。

3)在水利工程、建筑工程、交通运输、纺织等领域发挥着重要作用

隋朝杰出工匠李春设计和主持建造的赵州桥,是世界上现存最古老的一座石拱桥。隋朝著名的建筑师宇文恺设计了隋都大兴城和东京洛阳城,并指导了两座都城的营建。到了北宋,指南针应用于航海事业。宋朝的海船装有罗盘针,无论白天、黑夜、阴雨天、大雾天,都能辨识方向。南宋时,指南针传到欧洲,为欧洲的航海家进行环球航海和发现新大陆提供了重要条件。花本式提花机出现于东汉,又称花楼,是我国古代织造技术最高成就的代表。

4)在军事上具有举足轻重的作用

先进和精良的武器与军事装备的制造都要依赖先进的制造技术。唐朝末年,火药开始用于军事。宋朝时期,火药在军事上广泛使用,那时的火药武器有火箭、突火枪和水炮等。13 世纪、14 世纪,火药和武器传入阿拉伯国家和欧洲。到了元朝,有了大型的金属管形火器——火铳,在军事上很受重视。蒙古西征时,多次使用火药武器攻打中亚和波斯的城市。在战争中,阿拉伯人学会了制造火药和火药武器。

2.时代性

人类对机械的认识和利用水平决定生产工具的制造水平,而生产工具的制造水平又在一定程度上决定了生产力的发展水平,生产力决定着生产关系。

人类经历了"石器—青铜器—铁器—蒸汽机—电气—信息"等不同时代。

石器工具功能单一、效率较低,只能简单利用已经存在的自然资源,人类活动受大自然的约束很大,对自然生态系统影响很小。早期人类的特征是解放了前肢,处于食物链的顶端,正在努力扩大生存空间,彼时原始部落产生。人类的表现为种间竞争,棍棒较量。

金属器工具的应用使农业、手工业得以发展,根据需要对自然资源进行提取和改造,人类的生活开始摆脱自然的约束。这个时期的人类的特征是生产力的解放,社会管理和文化建设,私有制,剥削和被剥削的奴隶社会产生。

随着金属冶炼技术不断提高，特别是铁器的广泛使用，生产力得到提高，社会性能出现变化，形成自给自足的自然经济，社会性质相对稳定。由于朝代更替、开垦土地、伐木毁林、战争频繁，对局部生态系统造成一定影响。开始出现手工业和农业。这个时期的人类的特征是地主拥有土地，农民耕种土地。

蒸汽机、电气及信息时代，人们不再局限于自然界中的物资，改变了对自然的态度。煤炭、石油、电力、化工、核燃料的广泛使用，生产力大发展和生产规模的急剧扩张，全球资源的需求增加，资源的过度开采和使用，造成严重浪费，环境污染，全球范围内自然灾难频发，对全球生态系统造成严重影响。这个时期的人类的特征是对商品和金钱的狂热追求，对权力和地位的争夺，对科技和发明的迷恋。

人类对制造工具的认识和利用程度，影响着时代，影响着制度，影响着道德，影响着文化，影响着人类对自然的认识，影响着人类的思维方式，影响着社会结构，影响着时代的特征。

3. 继承性

制造技术的发展有很强的继承性。

在历史上，先民们对制造技术的不断发明、创造、革新，大大推动了生产力的发展和社会的进程。科学技术的发展和人类社会的其他事物一样，是有着一定的历史继承性的。

1791 年，法国人西夫拉克经反复试验，造出来第一架代步的"木马轮"，如图 4.42 所示。

1818 年，德国人德莱斯在"木马轮"前轮上加了一个控制方向的车把子，这样就可以改变前进的方向。但是骑车依然要用两只脚蹬踩地面才能推动车轮向前滚动。

图 4.42　木马轮

1840 年，英格兰的铁匠麦克米伦在后轮的车轴上装上曲柄、再用连杆把曲柄和前面的脚蹬连接起来。当骑车人踩动脚蹬，车子就会自行运动起来，大大地提高了行车速度。

1861 年，法国的米肖父子在前轮上安装了能转动的脚蹬板，形成了自行车的基本形态。

1869 年，英国的雷诺看到法国的自行车之后，觉得车子太笨重。经过研究，他采用钢丝辐条来拉紧车圈作为车轮，利用细钢棒来制成车架，车子的前轮较大，后轮较小，从而使自行车自身的重量减小了一些。

1874 年，英国人罗松别出心裁地在自行车上装上了链条和链轮，用后轮的转动来推动车子前进。

1886 年，英国的斯塔利从机械学和运动学的角度设计出了新的自行车样式，为自行车装上了前叉和车闸，前后轮的大小相同，以保持平衡，并用钢管制成了菱形车架，还首次使用了橡胶的车轮。斯塔利不仅改进了自行车的结构，还改制了许多生产自行车部件用的机床，为自行车的大量生产和推广应用开辟了宽阔的前景，因此他被后人称为"自行车之父"。斯塔利设计的自行车车型与今天自行车的样子基本一致。

1888 年，爱尔兰的兽医邓洛普从医治牛胃气膨胀中得到启示，他把家中花园里用来浇水的橡胶管粘成圆形，打足了气，装在自行车轮子上。充气轮胎是自行车发展史上一个划时代的创举，它增加了自行车的弹性，同时大大地提高了行车速度，减少了车轮与路面的摩擦力。这样，就从根本上提高了自行车的骑行性能，完善了自行车的使用功能。从 18 世纪末叶到 20 世纪初期，自行车的发明和改进经历了 100 多年的时光，有许多人为之奋斗不息，才演变成现在这种骑行自如的样式。

现在，已经有了变速自行车（如图 4.43 所示）、折叠自行车、电动自行车等。

图 4.43　变速自行车

4. 创造性

在人类征服自然的过程中，从事制造工程的天才的创造者们充分发挥才能和想象力，发明、创造、改进了很多的制造设备、装置。这些器械在人类征服自然方面取得了不可估量的作用。

公元前 1200 年，两河流域的美索不达米亚文明在建筑和装运物料的过程中，已经开始使用杠杆、绳索、滚棒和水平槽等简单工具。

公元前 400 年，中国的公输班发明了石磨（如图 4.44 所示）。

公元前 110 年前后，罗马桔棒式提水工具和吊桶式水车使用范围扩大，涡形轮和诺斯水磨等新的流体机械出现。前者靠转动螺纹形杆，将水由低处提到高处，主要用于罗马城市的供水；后者用来磨谷物，靠水流推动方叶轮而转动，其功率不到半马力。

唐代，中国出现了灌溉工具简车。

1131 年至 1162 年，中国已有走马灯（燃气轮机雏形）的记载。

1656 年至 1657 年，荷兰的惠更斯创制了单摆机械式钟表。

图 4.44　石磨

1764 年，英国的哈格里夫斯发明了竖式、多锭、手工操作的珍妮纺纱机。

1769 年，英国的瓦特取得带有独立冷凝器的专利，从而完成了蒸汽机的发明。这种蒸汽机于 1776 年投入运行，热效率达 2% ～ 4%。

1820 年前后，英国的怀特制成第一台既能加工圆柱齿轮，又能加工圆锥齿轮的机床。

1903 年，美国的莱特兄弟制成了世界上第一架真正的飞机（如图 4.45 所示）并试飞成功。

图 4.45　莱特兄弟与第一架飞机

1927 年，美国的伍德和卢米斯进行超声加工试验。1951 年，美国的科恩制成第一台实用超声加工机。

1952 年，美国帕森斯公司制成第一台数字控制机床。

……

当先民们发明和运用这些天才的创造时，我们自身的一些功能在一定程度被放大了，这样就极大地增强了人类认识和改造世界的能力。

随着社会的发展，制造工程文化又体现出新的特色：个性化、绿色化、信息化、人性化。

4.3 智能制造

4.3.1 智能制造的发展历程

智能制造是伴随信息技术的不断发展和普及而逐步发展起来的。1988 年，美国纽约大学的怀特教授（P. K. Wright）和卡内基梅隆大学的布恩教授（D. A. Bourne）出版了《智能制造》一书，正式提出了智能制造的概念，并指出智能制造的目的是通过集成知识工程、制造软件系统、机器人视觉和机器控制对制造技工的技能和专家知识进行建模，以使智能机器人在没有人工干预的情况下进行批量生产。

20 世纪 90 年代，随着信息技术和人工智能的发展，智能制造技术引起发达国家的关注和研究，美国、英国、日本等国纷纷设立智能制造研究项目基金及实验基地，智能制造的研究及实践取得了长足进步。

进入 21 世纪后，尤其是经历了 2008 年金融危机以后，发达国家认识到以往"去工业化"策略的弊端，制定了"重返制造业"的发展战略，同时大数据、云计算等一批信息技术发展的前端科技引发制造业加速向智能化转型，把智能制造作为未来制造业的主攻方向，给予一系列政策支持，以抢占国际制造业科技竞争的制高点。

加拿大制定的 1994 至 1998 年发展战略计划，认为未来知识密集型产业是驱动全球经济和加拿大经济发展的基础，认为发展和应用智能系统至关重要，并将具体研究项目选择为智能计算机、人机界面、机械传感器、机器人控制、新装置、动态环境下的系统集成。

日本在 1989 年提出智能制造系统的概念，且于 1994 年启动了先进制造国际合作研究项目，包括了公司集成和全球制造、制造知识体系、分布智能系统控制、快速产品实现的分布智能系统技术等。

欧洲联盟的信息技术相关研究有 ESPRIT 项目，该项目大力资助有市场潜力的信息技术。1994 年又启动了新的 R&D 项目，选择了 39 项核心技术，其中三项（信息技术、分子生物学和先进制造技术）均突出了智能制造的位置。

中国于 20 世纪 80 年代末也将"智能模拟"列入国家科技发展规划的主要课题，并在专家系统、模式识别、机器人、汉语机器理解方面取得了一批成果。科学技术部（简称科技部）正式提出了"工业智能工程"，作为技术创新计划中创新能力建设的重要组成部分，智能制造是该项工程中的重要内容。

由此可见，智能制造在世界范围内得到重视并开始实施已有 20 年左右的时间。智能制造是制造技术发展，特别是制造信息技术发展的必然，是自动化和集成技术向纵深发展的结果。

4.3.2 智能制造的定义及特点

制造是把原材料变成产品或服务的过程，它包括产品设计、材料选择、加工生产、质量保证、管理和营销等一系列有内在联系的运作和活动。因而，制造有三个方面的内涵：在结构上，是由制造过程所涉及的硬件、软件及人员所组成的一个统一整体；在功能上，是一个将制造资源转变为产品或服务输入输出系统；在过程上，制造系统包括市场分析、产品设计、工艺规划、制造实施、检验出厂、产品销售等制造的全过程。因此，制造是一个完整的系统，是指为达到预定制造目的而构建的物理组织系统，称为"制造系统"。

人工智能是智能机器能够执行的与人类智能有关的功能，如判断、推理、证明、识别、感知、理解、设计、思考、规划、学习和问题求解等思维活动。人工智能具有一些基本特点，包括对外部世界的感知能力、记忆和思维能力、学习和自适应能力、行为决策能力、执行控制能力等。

将人工智能技术和制造系统相结合，实现智能制造，通常有如下好处。

① 智能机器的计算智能高于人类。比如，设计结果的工程分析、计划排产、模式识别等。与人根据经验来判断相比，机器能更快地给出更优的方案。因此，智能优化技术有助于提高设计与生产效率、降低成本，并提高能源利用率。

② 智能机器对制造工况的主动感知和自动控制能力高于人类。以数控加工过程为例，"机床 / 工件 / 刀具"系统的振动、温度变化对产品质量有重要影响，需要自动感知并自动调整工艺参数，但人类显然难以及时感知和分析这些变化。因此，应用智能传感与控制技术，实现"感知—分析—决策—执行—感知"的闭环控制，能显著提高制造系统的整体运行质量。同样，一个企业的制造过程中，存在很多动态的、变化的环境，制造系统中的某些要素（设备、检测机构、物料输送和储存系统等）必须能动态地、自动地响应系统变化，这也依赖于制造系统的自主智能决策。

③ 随着工业互联网等技术的普及应用，制造系统正在由资源驱动型向信息驱动型转变。制造企业拥有的产品全生命周期数据可能是非常丰富的，通过基于大数据的智能分析方法，将有助于创新或优化企业的研发、生产、运营、营销和管理过程，为企业带来更快的响应速度、更高的效率和更深远的洞察力。

1. 智能制造的定义

在 2015 年工业和信息化部公布的"2015 年智能制造试点示范专项行动"中，智能制造被定义为基于新一代信息技术，贯穿设计、生产、管理、服务等制造活动各个环节，具有信息深度自感知、智慧优化自决策、精准控制自执行等功能的先进制造过程、系统与模式的总称。智能制造可有效缩短产品研制周期、降低运营成本、提高生产效率、提升产品质量、降低能源消耗。

2. 智能制造的特征

智能制造的特征主要体现在以下四个方面。

① 大系统。全球分散化制造，任何企业或个人都可以参与产品设计、制造与服务，智能工厂和交通物流、电网等都将与其发生联系，通过工业互联网，大量数据被采集并送入云网络。

② 系统进化和自学习。通过自学习和自组织，系统结构不断进化，从而通过最佳资源组合实现高效产出。

③ 人与机器的融合。人机协作机器人、可穿戴设备的发展，生命和机器的融合在制造系统中会有越来越多的应用体现。

④ 虚拟与物理的融合。智能系统包含两个世界，一个是由机器实体和人构成的物理世界，另一个是由数字模型状态信息和控制信息构成的虚拟世界，未来两个世界将深度融合难分彼此。

4.3.3　我国制造业的发展战略及目标

实体经济空心化和虚拟经济比重过大成为欧美发达国家的严峻挑战。美国、德国、英国、法国等发达国家各自提出了"再工业化"战略，以振兴制造业，重新占领价值链高端。

中国已经成为世界制造业大国，制造业品类齐全、产能高、生产能力强，在全球制造业中影响巨大，但是存在高端制造业竞争力不足的问题，并面临发达国家"高端回流"和发展中国家"中低端分流"的双向挤压。为此，中国提出了"中国智能制造发展战略"，推进制造强国建设。

我国制造业发展战略的核心是借助信息化的新技术手段，完成传统的制造业转型升级，重构制造业体系和行业边界，并创新制造业发展模式，从而占领价值链高端。虽然各国发展重点有所不同，但是均具有如下的共同目标。

① 创新设计，满足客户的个性化定制需求。在家电、3C（计算机、通信和消费类电子产品）等行业，产品的个性化来源于客户多样化与动态变化的定制需求，企业必须具备提供个性化产品的能力，从而在激烈的市场竞争中争得先机。智能制造技术可以从多方面为个性化产品的快速推出提供支持。例如，通过智能设计手段缩短产品的研制周期，通过智能装备提高生产的柔性，从而适应单件小批生产模式等。这样，企业在一次性生产且产量很低的情况下也能获利。

② 实现复杂零件的高品质制造。在航空、航天、船舶、汽车等行业，存在许多结构复杂、加工质量要求非常高的零件。以航空发动机的机匣为例，它是典型的薄壳环形复杂零件，最大直径可达 3 米，其外表面分布有安装发动机附件的凸台、加强筋、减重型槽及花边等复杂结构，壁厚变化剧烈。用传统方法加工时，加工变形难以控制，质量一致性难以保证，变形量的超差

将导致发动机在服役时发生振动，严重时甚至会造成灾难性的事故。对于这类复杂零件，采用智能制造技术在线检测加工过程中"力—热—变形场"的分布特点，实时掌握加工中工况的时变规律，并针对工况变化即时决策，使制造装备自律运行，可以显著地提升零件的制造质量。

③ 保证高效率的同时，实现高质量可持续制造。可持续制造是可持续发展对制造业的必然要求。从环境方面考虑，可持续制造首先要考虑的因素是能源和原材料消耗。当前许多制造企业通常先考虑效率、成本和质量，对降低能耗认识不够。智能制造技术能够有力地支持高效可持续制造，首先，通过传感器等手段可以实时掌握能源利用情况；其次，通过能耗和效率的综合智能优化，获得最佳的生产方案并进行能源的综合调度，提高能源的利用效率；最后，通过制造生态环境的一些改变，如改变生产的地域和组织方式，与电网开展深度合作等，可以进一步从大系统层面实现节能降耗。

④ 提升产品价值，拓展价值链。产品的价值体现在"研发—制造—服务"的产品全生命周期的每一个环节，根据"微笑曲线"理论，制造过程的利润空间通常比较低，而研发与服务阶段的利润往往比较高，通过智能制造技术，有助于企业拓展价值空间。其一，通过产品智能化升级和产品智能设计技术，实现产品创新，提升产品价值；其二，通过产品个性化定制、产品使用过程的在线实时监测、远程故障诊断等智能服务手段，创造产品新价值，拓展价值链。

4.3.4　智能制造的实施路径

企业系统从盲目、混沌的状态到自学习、自适应的状态，是从无序到有序，从懵懂到智能的进化过程。从企业数字化转型和智能制造建设的角度来看，这个过程大体可以分为五个阶段：互联化、可视化、透明化、可预测和自适应，这也可作为企业智能制造的建设路径。

在互联化阶段，企业系统的各个要素及运行都可用数字来表达。在信息化时代，业务的数字化显现主要通过手工录入来完成，在数据的准确性、完整性、及时性方面都存在一定的缺陷。而在智能制造时代，通过物联网和人工智能（图像识别、语音识别等）等技术的应用，从理论上讲，业务的数字化显现工作可以自动完成，数据在准确性、完整性和及时性等方面有了指数级提高。

在可视化阶段，企业系统的数字化呈现被赋予了业务意义。在信息化时代，业务可视化主要以交易或记录为中心，以统计学技术来表示业务运营的特征，如总量、最大、最小、平均、中位数、环比、同比、排名等。而在智能制造时代，随着云计算技术的发展，企业更注重业务发展轨迹的变化，数字主线和数字孪生成为业务可视化的新型展现方式，并使实现业务远程管理等业务场景成为可能。

在透明化阶段，企业关注的是企业系统各要素之间的关系，以及企业业务运营和变化背后因果关系的寻求。在信息化时代，企业能够得到的主要是业务变化的"How"。而在智能制造时代，随着数据数量和质量的大大提高，以及高级分析技术的发展，企业更关注业务变化的"Why"。

有了对企业系统中因果关系的清晰认识，就可以做制造运营的仿真和优化，从而实现精益制造。

在可预测阶段，企业关注的是业务运营的未来变化，以便于企业提前做好应对。在信息化时代，企业对业务变化的预测主要是通过统计学方法来实现的，比如 SPC（统计过程控制技术）在制造管理中的应用，其在适用范围和准确性等方面还有很大的局限。而在智能制造时代，随着机器学习等技术的发展，可供应用的预测技术更加多元化，线性回归、神经网络、决策树、支持向量机等技术在制造业都可以找到适用场景。

在自适应阶段，企业系统的运营已经实现了高度自主。作为智能制造的高级阶段，企业系统可以根据环境的变化做出实时调整，并根据应对措施的效果反馈进行自学习和算法优化。在自适应阶段，智能制造的表象就是少人化，甚至零人工干预，并实现柔性制造和自主制造。

4.3.5 智能制造与传统制造的区别

智能制造是一种由智能机器和人类专家共同组成的人机一体化智能系统，通过人与智能机器的合作共事，去扩大、延伸和部分地取代人类专家在制造过程中的脑力劳动。它更新了制造自动化的概念，使其扩展到柔性化、智能化和高度集成化。智能制造与传统制造的区别主要体现在产品的设计、产品的加工、制造管理及产品服务这几个方面，如表 4.1 所示。智能制造关键特征（数字化、互联互通、智能决策、动态感知和大数据分析）与精益制造、柔性制造、可持续制造、数字化制造、云制造、智慧制造、可重构制造、敏捷制造等其他制造模式的关系，如表 4.2 所示。

表 4.1 智能制造与传统制造的区别

分类	传统制造	智能制造	智能制造的影响
产品的设计	常规产品 面向功能需求设计 新产品周期长	虚实结合的个性化设计 面向客户需求设计 数值化设计，周期短，可按需调整	设计理念与使用价值观的改变 设计方式的改变 设计手段的改变 产品功能的改变
产品的加工	加工过程按计划进行 半智能化加工与人工检测 生产高度集中组织 人机分离 减材加工成型方式	加工过程柔性化，可实时调整 全过程智能化加工与在线实时监测 生产组织方式个性化 网络化过程实时跟踪 网络化人机交互与智能控制 减材、增材多种加工成型方式	劳动对象的改变 生产方式的改变 生产组织方式的改变 生产质量监控方式的改变，加工方法多样化 新材料、新工艺不断出现
制造管理	以人工管理为主 企业内管理	计算机信息管理技术 机器与人交互指令管理 延伸到上下游企业	管理对象变化 管理方式变化 管理手段变化 管理范围扩大
产品服务	产品本身	产品全生命周期	服务对象范围扩大 服务方式变化 服务责任增大

表 4.2 智能制造关键特征及与其他制造模式的关系

智能制造关键特征	其他制造模式	使能技术
数字化 互联互通 智能决策 动态感知和大数据分析	精益制造（Lean Manufacturing） 侧重利用一组工具辅助制造体系中各类浪费的识别及逐步消除	工艺优化技术，工作流优化技术，实时监控及可视化技术
	柔性制造（Flexible Manufacturing） 利用由制造模块和物流设备组成的集成系统，针对不断变化的产量、工艺和生产形势，在计算机控制下进行柔性化生产	模块化设计技术，互操作技术，面向服务的架构
	可持续制造（Sustainable Manufacturing） 在生产中最大限度地降低对环境的影响，以保护能源、自然资源和提高人员的安全性等	先进材料技术，可持续工艺指标及评价体系，监控和控制
	数字化制造 Digital Manufacturing 在全生命周期中使用数字化技术，以提高产品质量、工艺水平和企业效率，缩短周期和降低成本	三维建模技术，基于模型的企业，产品生命周期管理
	云制造（Cloud Manufacturing） 基于云计算和 SOA 架构的分布式网络化制造模式	云计算，物联网，虚拟化，面向服务的技术，先进的数据分析技术
	智慧制造（Intelligent Manufacturing） 以人工智能为基础的智慧化生产方式，在最小化人工介入的情况下，根据环境和工艺需求的变化进行自适应生产	人工智能，先进的感知和控制技术，优化技术，知识管理
	可重构制造（Holonic Manufacturing） 在动态和分布式制造过程中应用智能体，支持动态和持续性变更的自适应	多智能体系统，分布式控制技术，基于模型的推理及规划技术
	敏捷制造（Agile Manufacturing） 在制造体系中利用有效的流程和工具，实现对客户需求和市场变化的快速响应，控制成本和质量	协同工程，供应链管理，产品生命周期管理

4.3.6 个性化印章生产线

1. 概述

个性化印章生产线基于物联网（IoT）、云计算、增强现实（AR）、数字孪生等新一代信息技术，贯穿设计、生产、管理、服务等制造活动各环节，具有过程信息自感知、管理系统自决策、加工设备自执行等功能，体现个性化定制、自动化生产、可视化监测、智能化预警等智能制造技术特征。本节主要介绍个性化印章的产线组成、工作流程及个性化定制。

2. 产线组成

个性化印章产线主要由生产系统、机械安全防护系统、信息管理系统、自动化控制系统组成。

1）生产系统

生产系统主要由仓储物流单元、加工制造单元与装配单元组成。产线概貌如图 4.46 所示。

图 4.46　产线概貌

　　仓储物流单元由立体仓库与堆垛机系统、进出料平台、加装在智能 AGV（无人搬运车）上的协作式机器人、RFID（射频识别）系统等组成，主要用于物流的仓储与运输。加工制造单元由数控车床、精雕机、上下料机器人等组成。通过工业机器人上下料，实现工件在数控车床与精雕机中的自动加工。装配单元由装配机器人、末端手爪工具、装配平台等组成，主要用于成品零件加工自动化装配。其生产系统布局如图 4.47 所示。

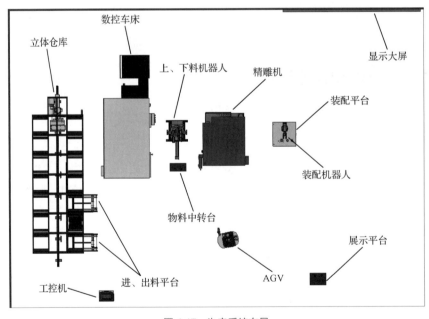

图 4.47　生产系统布局

2）机械安全防护系统

　　机械安全是制造业生存与发展的基本保障，关系到国民经济的各个方面和人们的健康安全。据不完全统计，由于机械安全问题的存在，我国制造业领域每年都会发生数千起的人身意外事故。产品在设计阶段就应当按照严格的标准进行安全设计，通过安全防护系统提高机械的安全性。安全防护系统的作用是保护工业现场的工作人员和加工设备的安全，避免工作人员出现人身安全事故，避免现场的加工设备受到损坏，减少企业因安全事故所造成的损失。高等学校作为人才培养的主要场所，未来，毕业生将成为企业研发、设计产品的主力军，因此在高等工程教育中引入安全教育与安全设计理念，对培养高素质的人才具有重要的现实与战略意义。可通过构建机械安全防护培训系统，培养学生或研发人员在产品设计时即考虑安全防护问题的能力，提高产品的本质安全水平，从而保障使用者的安全。

机械安全防护系统由安全控制器、激光扫描仪、安全眼等构件构成，其系统布局如图 4.48 所示。

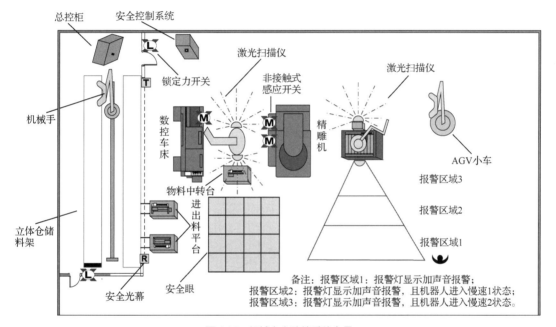

图 4.48 机械安全防护系统布局

3）信息管理系统

信息管理系统由印章下单系统、自动控制系统、生产线数字孪生系统、AR 信息展示系统组成，通过其实现生产过程的个性化定制、自动化生产、可视化监测、智能化预警等。具体实现方式为通过 KEPWare 工业设备通信软件实现设备数据互联，将 Thingworx 工业创新物联网平台作为数据总线，在平台上对设备数据建模，基于 WEB 的浏览器直接浏览并操控三维模型，实现三维虚拟监控系统，整体展现智能制造产线三维互动模型。基于 Thingworx 与 AR 平台技术，构建产线加工过程信息展示系统。通过 Thingworx 快速使能特性，构建订单选配页面，供客户配置订单下发。信息管理系统组成如图 4.49 所示。

4）自动化控制系统

自动化印章生产线控制系统网络拓扑图如图 4.50 所示。该控制系统主要由 PC 上位机、现场总控 PLC、CNC 控制系统及机器人控制柜组成。总控 PLC 通过 IO 控制总线，控制生产线上相关设备的动作状态。例如，自动化立体仓库的出入库操作、数控车床/精雕机自动门的开关、夹具的动作、搬运机器人/装配机器人末端执行器的动作及生产线上布置的各类传感器信号的输入和使能信号的输出；PC 上位机通过以太网和各设备相连，主要负责数控程序的下发并通过组态的方式控制 PLC；移动抓取机器人单元中，AGV 向上通过 WIFI 网络与上位机相连，获取任务信息、反馈当前任务进度，向下通过与抓取机械手的控制器相连控制机械手的状态。

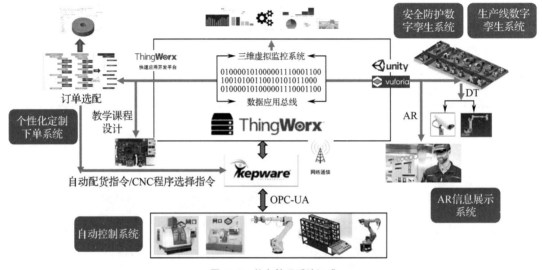

图 4.49　信息管理系统组成

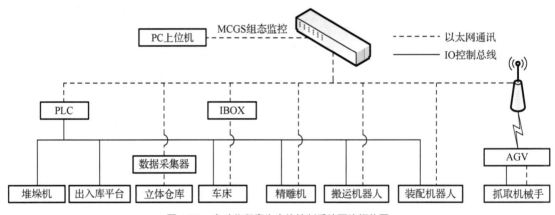

图 4.50　自动化印章生产线控制系统网络拓扑图

3. 产线工作流程

个性化印章生产工艺流程如图 4.51 所示。

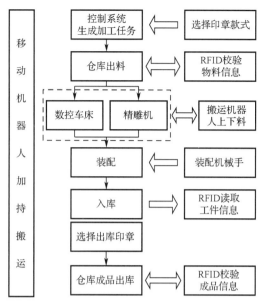

图 4.51　个性化印章生产工艺流程

4. 个性化定制

1）个性化定制系统总体架构

个性化定制系统的主要功能模块与体系结构都是在满足个性化定制需求的基础上定制的。个性化定制系统的体系结构如图 4.52 所示，整个系统可以分为三层。

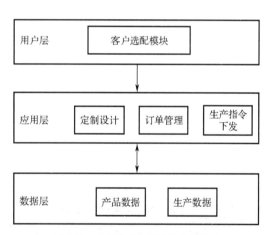

图 4.52　个性化定制系统的体系结构

① 用户层：用户进行定制操作的入口即客户端浏览器，用户通过浏览器向 Web 服务器提出服务请求，返回的信息显示在浏览器上，完成与后台的交互。

② 应用层：应用层是用户与平台交互的一层，也是整个平台最能体现价值的一层，系统的各种功能在这层实现，包括了用户的定制设计、订单管理和生产指令下发，应用层为实现用户定制和生产加工的逻辑实现层。

③ 数据层：数据层是整个平台的底层基础，它提供了系统运行的基础数据和实时数据，包含产品数据和生产数据。

2）印章个性化定制系统的组成

印章个性化定制系统的组成包括三个模块。

（1）印章定制模块

该模块根据印章的可选配置（如图 4.53 所示），包括功能（公章 / 私章）、材质（塑料 / 铜）等，构建可视化选配界面供给用户选择。图 4.54 所示为效果显示主页面，图 4.55 所示为印章定制页面。

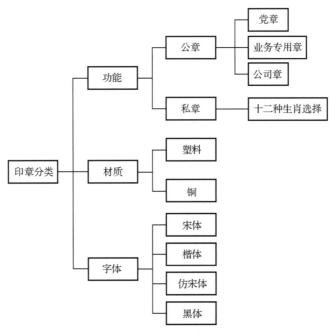

图 4.53　印章的可选配置

图 4.54　效果显示主页面

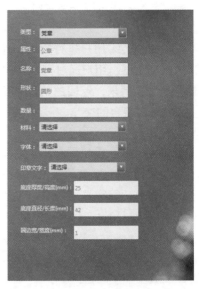

图 4.55　印章定制页面

（2）印章三维模型展示模块

要实现在产品定制过程中客户追求个性化定制，本质上就是要实现用户与产品三维模型的实时交互，根据不同的定制配置来动态展示产品的三维模型。本系统采用 Web GL 技术，使用目前技术最为成熟的 Three.js 框架，通过创建 HTML 脚本来实现产品模型的实时交互。印章三维模型展示页面如图 4.56 所示。

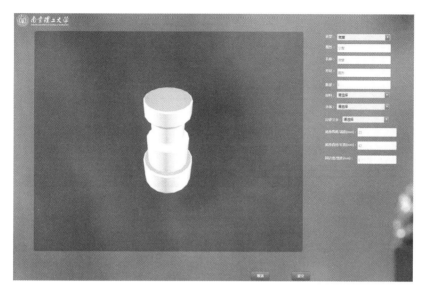

图 4.56　印章三维模型展示页面

（3）数据库模块

数据库存储了个性化定制服务所需的各种持久性数据信息。根据对印章定制流程的分析，建立对应的数据表，数据表构建如图 4.57 所示。

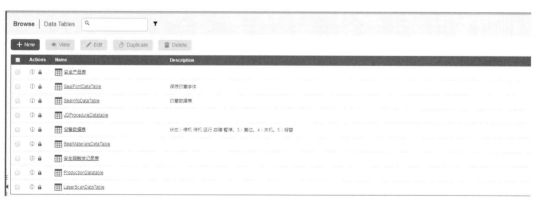

图 4.57　数据表构建

3）选配系统与生产系统通信技术

要实现提交定制信息到定制化生产全流程的自动化，需要解决选配系统与生产系统的实时通信。确保终端用户的订单信息能够转化为生产数据，下发至各个设备进行生产。

整个选配系统是基于 Thingworx 物联网平台来完成。Thingworx 软件提供 Thingworx Edge

SDK 的远程方法绑定技术来实现与其他系统的通信功能。Thingworx 部署在服务器上，生产系统需要和服务器保持在同一局域网内，通过以太网与选配系统进行连接。

具体来说，当用户提交订单信息后，需要将定制的印章物料清单传递给码垛机进行物料传送，将对应的数控程序下发给数控车床，将对应的印章雕刻程序下发给精雕机。当用户提交订单后，在选配系统中通过编写 JavaScript 脚本形成物料清单（如图 4.58 所示），上面记录了印章的材质、功能等信息。

图 4.58　选配系统物料清单的形成

通过 Thingworx 提供的 Thingworx Edge SDK 程序（如图 4.59 所示），将物料清单信息传递给 PLC，来控制码垛机取料。

```
[method: ThingworxServiceDefinition(name = "ProducePlan", description = "Produce Plan")]
[return: ThingworxServiceResult(name = CommonPropertyNames.PROP_RESULT, description = "Result", baseType = "NUMBER")]
public int ProducePlan(
    [ThingworxServiceParameter(name = "Type", description = "Probuce Type", baseType = "NUMBER")] byte Type,
    [ThingworxServiceParameter(name = "Shape", description = "Probuce Shape", baseType = "NUMBER")] byte Shape,
    [ThingworxServiceParameter(name = "Color", description = "Probuce Color", baseType = "NUMBER")] byte Color,
    [ThingworxServiceParameter(name = "Material", description = "Probuce Material", baseType = "NUMBER")] byte Material,
    [ThingworxServiceParameter(name = "Numb", description = "Probuce Numb", baseType = "NUMBER")] byte Numb
    )
{
    Console.WriteLine("Type:" + Type + "Shape:"+ Shape + "Color:" + Color + "Material:" + Material + "Numb:" + Numb);
    try
    {
        for (int i = 0; i < 5; i++)
        {
            ClassABB.siemensS7Net.Write("DB300.0", Type);
            ClassABB.siemensS7Net.Write("DB300.1", Shape);
            ClassABB.siemensS7Net.Write("DB300.2", Color);
            ClassABB.siemensS7Net.Write("DB300.3", Material);
            ClassABB.siemensS7Net.Write("DB300.4", Numb);
        }

        for (int i = 0; i < 10; i++)
        {
            if (ClassABB.siemensS7Net.ReadByte("DB300.10").Content != 0)
            {
                ClassABB.siemensS7Net.Write("DB300.0", 0);
                ClassABB.siemensS7Net.Write("DB300.1", 0);
                ClassABB.siemensS7Net.Write("DB300.2", 0);
                ClassABB.siemensS7Net.Write("DB300.3", 0);
                ClassABB.siemensS7Net.Write("DB300.4", 0);
                return 1;
            }
        }

        ClassABB.siemensS7Net.Write("DB300.0", 0);
        ClassABB.siemensS7Net.Write("DB300.1", 0);
        ClassABB.siemensS7Net.Write("DB300.2", 0);
        ClassABB.siemensS7Net.Write("DB300.3", 0);
        ClassABB.siemensS7Net.Write("DB300.4", 0);
        return -1;
    }
    catch (Exception ex)
    {
        Console.WriteLine("Communication Plc Failed : " + ex.Message);
        return -1;
    }
}
```

图 4.59　Thingworx Edge SDK 程序

PLC 将对应的物料清单写入 DB 块，来进行取料。PLC 记录订单信息如图 4.60 所示。

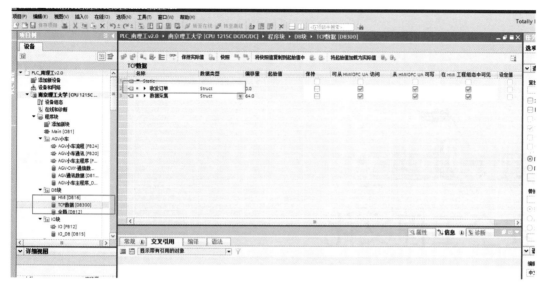

图 4.60　PLC 记录订单信息

最后，由产线来加工产品。图 4.61 所示为加工好的公章与私章。

图 4.61　加工好的公章与私章

第**5**章
安全工程文化

几乎所有的工程规范都要求把公众的安全、健康和福利放在优先考虑的地位，保证良好的工程质量是实现这一目标的基本条件。反之，劣质工程和产品则会给国家和人民的财产、健康、生命安全带来巨大的伤害。安全与风险是密切联系的，工程必然涉及风险。日益复杂的技术系统会产生意想不到的后果。由于风险在原则上是不能完全消除的，但在安全发展理念的指导下，加强安全设计、安全评估及安全技术，是可以减少安全风险的。

5.1　安全文化的历史发展

核安全文化的起步标志着人类推进安全文化从自发到自觉，从无意识到有意识的变化。但是人类安全文化的存在和发展可以追溯到更久远的历史。人类安全文化可以分为五个阶段：原始时代安全文化、古代安全文化、近代安全文化、现代安全文化、21 世纪安全文化。

5.1.1　原始时代安全文化

安全文化有着悠久的历史，可追溯到人类诞生之初，源远流长。为了生存、繁衍和发展，人类祖先用鲜血和生命，换来了应对灾害与猛兽的经验，找到了维持人类生命运动和生存的方式，并不断创造了保障人类活动的安全环境。这就是人类生存和发展的最基本的生理需求和安全需求。原始人为了提高劳动效率和抵御野兽的侵袭，制造了石器，作为生产和安全的工具。中国早在六七千年前，半坡氏族就在自己居住的村落周围开挖沟壕来抵御野兽的袭击。

5.1.2 古代安全文化

随着社会的进步，人类生产从畜牧业时代向使用机械工具的矿业时代转移，由于机械的出现，人类的工程活动开始出现人为事故，安全问题也随之而来。与此同时，安全防护技术也随着生产的进步而不断发展。

铜绿山古矿冶遗址位于湖北省黄石市大冶西郊的铜绿山，堪称世界一流的古矿冶遗址，是中国迄今发掘规模最大、生产时间最长、保存最为完好的一处古铜矿遗址。古代工匠为掘取铜矿石，开凿竖井、平巷与盲井等，并用木质框架支护，采用了提升、通风、排水等技术。

明朝著名科学家宋应星编著的《天工开物》，详尽地记载了在采矿工程中处理矿内瓦斯和顶板的安全技术，"初见煤端时，毒气灼人，有将巨竹凿去中节，尖锐其末，插入炭中，其毒烟从竹中透上"，采煤时"炭纵横广有，则随其左右阔取。其上枝板，以防压崩耳"。

都江堰水利工程是由秦国蜀郡太守李冰及其子率众于公元前256年左右修建的，是全世界迄今为止，年代最久、唯一留存、以无坝引水为特征的宏大水利工程，历经2000多年仍然发挥着灌溉作用，反映了中国古代建设者的工程建造水平，体现了劳动人民应对水患的伟大创举。

5.1.3 近代安全文化

17世纪至20世纪初，蒸汽机时代，工业革命推动了社会发展，人类在生产、生存的实践活动中学到了保护自己的经验，吸取了事故的教训，逐渐成为安全活动的局部有知者。用经验的方法，用事后"亡羊补牢"的观点，保护自己的生命安全，开始摆脱安全无知、被动安全的局面，形成了近代安全文化。

加拿大的魁北克大桥是世界上著名的桥梁工程之一。它的著名不仅因为它是当时世界上最长的悬臂梁桥，还因为在它的建造过程中出现两次坍塌事故。魁北克大桥本该是美国著名设计师特奥多罗·库帕的一个真正有价值的不朽杰作。库帕曾称他的设计是"最佳、最省的"。可惜，库帕自我陶醉于他的设计，而忘乎所以地把大桥的长度由原来的500米加到600米，以成为当时世界上最长的桥。桥的建设速度很快，施工组织也很完善。正当投资修建这座大桥的人们开始考虑如何为大桥剪彩时，忽然听到一阵震耳欲聋的巨响——大桥的整个金属结构垮了，19 000吨钢材和86名建桥工人落入水中，只有11人生还，如图5.1（a）所示。1907年，加拿大魁北克大桥垮塌后，加拿大总督成立了事故调查委员会，其官方文件总结事故原因如下：

①工程规范并不适合该桥的情况，使部分构件的应力超过以往的经验值；②设计低估了结构恒载，施工中又没有进行修正；③魁北克桥梁公司和凤凰城桥梁公司都负有管理责任；④工程的监管工程师没有有效地履行监管责任；⑤凤凰城桥梁公司在计划制订、施工及构件加工中均保证了良好的质量，主要问题源于设计。事后虽然亡羊补牢，但1916年9月，由于悬臂安装时一个锚固支撑构件断裂，桥梁中间段再次落入圣劳伦斯河中，并导致13名工人丧生，如图5.1（b）所示。1917年，在经历了两次惨痛的悲剧后，魁北克大桥终于竣工通车。

（a）1907年8月魁北克大桥第一次垮塌　　　　　　（b）1916年9月魁北克大桥第二次垮塌

图5.1　加拿大的魁北克大桥

在加拿大，当七大工程学院的学生毕业的时候，都要参加一个独特而又神圣的毕业仪式——铁戒指仪式。这项仪式并不对外开放，工程学院的毕业生们将在这个仪式上被授予象征着加拿大工程师身份的铁戒指。这枚戒指代表着工程师的骄傲、责任、义务及谦逊，更重要的是提醒他们永远不要忘记历史的教训与耻辱。

5.1.4　现代安全文化

20世纪初，基于电学理论的电力革命成为第二次产业革命的基本标志，这个阶段军事工业、航空工业的发展及导弹研制，对工程技术的安全性、可靠性、系统性、精确性提出了极高的要求，从设计、制造和实验方面的苛刻要求，带动了高新技术和系统工程的发展，出现了系统安全论及综合安全观、系统安全知识及安全工程技术。

1967年1月27日，美国肯尼迪航天中心34号发射阵地上进行载人飞船地面联合模拟飞行试验。飞船内坐着曾参加过水星号与双子星座飞船飞行的格里索姆上校，美国第一个完成舱外活动的怀特中校和第一次准备参加太空飞行的查菲少校。如果这次地面模拟试验成功，这3名航天员就乘此飞船进入环地轨道飞行，以考验登月飞行的安全程度。

试验前，他们已对安全做过检查。由于火箭不加注燃料，火工品也没有安装，凡能引发火灾的易燃易爆物均被移开或拆除，试验组织者认为发生火灾的可能性不大，因此在试验现场也没有布设专门消防人员、医生和紧急救援人员。

试验按照程序进行。当进行到最后倒计时时，突然程序中断，飞船指令舱起火。从指挥室里的通信电话中能听到舱内的航天员大喊："着火了！"接着又听到"快放我们出去"的喊声。然而，等救援人员打开舱门时，3 名航天员已被活活烧死。

后来查明，这次起火原因是飞船导线短路，电火花引燃了舱内塑料制品。由于舱内注满了纯氧，因而燃烧猛烈，加上设计缺陷，短时间内从舱里舱外都无法迅速打开舱门。

这次事故造成 3 人死亡，同时，它也给了后人许多启发，在阿波罗飞船舱内采取了一系列安全措施，如重新研制舱内材料，对逃逸救生系统做了进一步完善，增加了防火措施。同时，也使航天科技工作者认识到，载人飞船密封座舱不仅仅是要关得牢靠，而且要能迅速打开。

"阿波罗"计划经过 10 个月的停顿检查，修改了部分飞船设计。发生事故的飞船为"阿波罗 4A"号，后继飞船命名为"阿波罗 4B"号，于 1967 年 11 月 9 日成功地进行轨道飞行试验。为了安全起见，这是个无人飞船。

5.1.5　21 世纪安全文化

20 世纪 50 年代后，在军事工业竞争与发展的同时，宇航事业的发展推动了星空宇宙的探秘，核工业的崛起又带动了核能发电，因而提出了系统化、自动化、智能化的要求，不断地进行理论创新、技术创新、攻克科技前沿难题。在人类享用科技成果的同时，人类承受着高科技带来的危害和风险。于是以人为本，把人的生命与安全放在首位成了最高目标，为了保护人的身心安全与健康，设备与技术的安全性、可靠性、精确性必须是能超前预知的、可控的。这就形成了与时俱进的本质化论和预知预控观。

2011 年 3 月 11 日发生的日本东北地区太平洋近海地震和海啸对东京电力的福岛（第一和第二）核电站及东北电力公司的女川核电站造成的影响截然不同。东北电力的女川核电站毫发无损，福岛第一核电站却被地震破坏。大部分人以为，福岛第一核电站堆芯熔毁主要由地震和海啸引起。然而，女川核电站的情况告诉我们事实并非如此。两个核电站不同的遭遇说明，福岛第一核电站事故的根本原因是企业"安全文化"的失败。

用日本国会福岛核事故独立调查委员会（NAIIC）主席黑川清博士（Dr. Kiyoshi Kurokawa）的话来说，福岛事故是一起"人为事故"，系"日本制造"。因为日本的核电行业未能吸取三里岛核泄漏事故和切尔诺贝利核事故的教训，是这种心态导致了福岛第一核电站事故。

其他关于福岛核事故的正式报告，如美国国家科学院的报告，也证实并大幅讨论了本次事故中安全文化的重要作用。美国核管理委员会（US NRC）前委员长艾莉森·麦克法兰博士（Dr. Allison M. Macfarlane）在国际核安全咨询组（INSAG）论坛（2012 年 9 月 17 日，由 IAEA 主办）上表示："福岛核事故中有着大量我们必须吸取的教训，但其中最有价值的不是技术层面，而是深入在人和组织的行为中，也就是安全文化。"

国际原子能机构（IAEA）关于福岛事故最新的长篇报告指出，贯彻安全文化的监管准则和程序有所欠缺，并宣称"有必要采取考虑到人、组织和技术相互间复杂作用的综合措施"。国际原子能机构代表团访问女川核电站，评估其表现后发布的报告中称，"该核电站经历了级别极高的地震——本次地震受影响的核电站中震级最高"，但它"安全关闭"并且"完好无损"。

5.2 安全工程文化的概念与特征

5.2.1 安全工程文化的概念

1. 安全工程文化的起源

安全工程文化是伴随着人类的工程活动而产生，并随着人类社会的进步而发展起来的。但是，由于长期对事故本质和规律认知的局限，以及对安全保障软实力的认识不足，人类在近30年才开始有意识地发展和建设安全文化。那么安全文化这个概念是在什么时间、什么背景下产生的呢？

安全工程文化的概念源于切尔诺贝利核电站事故。切尔诺贝利核电站（如图5.2所示）位于乌克兰北部，距首都基辅只有140千米，它是苏联时期在乌克兰境内修建的第一座核电站。切尔诺贝利曾经被认为是最安全、最可靠的核电站。1986年4月26日凌晨1时24分一声巨响彻底打破了这一神话。核电站爆炸后释放出8吨多强辐射物质，它的辐射剂量是二战时期爆炸于广岛原子弹的400倍以上，2294个居民点受到核污染，320万人受到核辐射侵害，30千米半径地区被辟为隔离区，核事故造成的损失大约2000亿美元。

（a）1986年核泄漏后的切尔诺贝利核电站　　　　（b）现如今的切尔诺贝利核电站

图 5.2　切尔诺贝利核电站

切尔诺贝利核电站事故所造成的影响包括以下几个方面。

① 事故所造成的国家影响。辐射尘飘过俄罗斯、白俄罗斯和乌克兰，也飘过欧洲的部分地区，如土耳其、瑞典、意大利、法国等 20 多个国家和地区。这里有个小故事：在最早发生意外的时候，有人认为发现切尔诺贝利的核泄漏的是瑞典而不是苏联。1986 年 4 月 27 日，瑞典 Forsmark 核电厂工作人员发现异常的辐射粒子粘在他们的衣服上，该电厂距离切尔诺贝利大约 1100 千米。根据瑞典的研究，发现该辐射物并不是来自本地的核能电厂，他们怀疑是苏联核电厂出了问题。当时瑞典曾透过外交渠道向苏联询问，但未获证实。

② 事故所造成的人体影响。乌克兰共有 250 多万人因切尔诺贝利核电站事故而身患各种疾病，其中包括 47.3 多万名儿童，至今仍有受核辐射影响而导致畸形的胎儿出生（如图 5-3 所示）。时至今日，参加救援工作的 83.4 万人中，已有 5.5 万人丧生，7 万人成为残疾，核污染给人们带来的精神上、心理上的不安和恐惧更是无法统计。

图 5.3　核电站及核辐射的影响

③ 事故所造成的环境影响。由于这次事故，附近的居民被疏散，庄稼被全部掩埋，周围 7 千米内的树木都逐渐死亡。在其后长达半个世纪的时间里，10 千米范围以内将不能耕作、放牧；10 年内 100 千米范围内被禁止生产牛奶。不仅如此，由于放射性烟尘的扩散，整个欧洲也都被笼罩在核污染的阴霾中。致使邻近国家粮食、蔬菜、奶制品的生产都遭受了巨大的损失。

切尔诺贝利核事故在核能界引起了强烈震撼，人们重新审视了事故的致因和安全管理思想及准则。1986 年，国际核安全咨询组在切尔诺贝利核事故评审会的总结报告中第一次出现和采用"安全文化"这个术语。安全文化真正初步形成体系是在 1991 年，国际核安全咨询组在出版的安全丛书中提出了"安全文化"这一全新的安全管理思想，并且提出了一系列核定性指标，并强调只有全体员工致力于一个共同的目标才能获得最高水平的安全，使安全文化这一抽象的概念成为一种有实用价值的概念。

我国安全界的专家、学者们为发展我国的安全工程文化做出了不懈的努力，并及时把国际原子能机构的研究成果——"核安全理念"介绍到国内。原中华人民共和国劳动部部长李伯勇提出"要把安全工作提高到安全文化的高度来认识"的理念。1995 年在北京召开首次全国安全文化研讨会，在大会上提出了《中国安全文化发展战略建议书》，国务院原副总理邹家华提出了"提高安全文化水平，强化全民安全意识"的要求。1997 年 5 月，在甘肃省白银市召开了国际安全文化专家研讨会，对国际上安全文化的理论及中国安全文化研究课题成果进行了首次评价和交流。同时提出了《关于制定 21 世纪国家安全文化建设纲要》的建议。2005 年国家安全监督管理总局成立，李毅中局长上任伊始就提出了"安全文化、安全法制、安全责任、安全科技、安全投入"的五要素的概念，把安全文化列在五要素之首，再一次把安全文化建设推向高潮。因此，安全文化才真正广泛地引入我国安全生产和社会生活领域进行研究和应用。

2. 安全工程文化的概念

什么是安全工程文化呢？ 1991 年，国际核安全咨询组对安全工程文化的基本定义是："安全工程文化是存在于单位和个人中的种种素质和态度的总和，它建立一种超出一切之上的观念，即核电厂的安全问题由于它的重要性而要保证得到应有的重视。"这个安全文化的定义表明，安全是有关人的态度问题又是组织问题，是单位的问题又是个人的问题。建立一种超出一切之上的概念，即安全第一的概念，是安全生产的根本保障。英国保健安全委员会核设施安全咨询委员会认为，1991 年国际核安全咨询组提出的定义没有强调能力和精通等必要成分，于是提出了修正的定义："一个单位的安全文化是个人和集体的价值观、态度、能力和行为方式的综合产物，它决定于保健安全管理上的承诺，工作作风和精通程度。具有良好安全文化的单位有如下特征：相互信任基础上的信息交流，共享安全是重要的想法，对预防措施效能的信任。"这个定义重点强调了在组织内的人们的态度、行为的一致性。

中国在国家安全监管总局成立后，在《"十一五"安全文化建设纲要》提出了对安全文化的定义："安全文化是安全生产在意识形态领域和思想观念上的综合反映，包括安全价值观、安全判断标准和安全能力、安全行为方式等。"这个定义强调了安全价值观和态度。

安全工程文化的定义很多，但可以总结归纳出以下共识。

① 基本出发点：以人为本，安全第一；

② 研究范畴：精神层面、行为层面、制度层面、物态层面；

③ 内涵：安全观念文化和安全行为文化；

④ 外延涉及：安全科技、安全管理、安全制度和安全环境；

⑤ 基本形态：安全意识、态度、价值观、行为方式；

⑥ 目的：提高安全素养，实现人本安全。

3. 安全工程文化的内容及功能

1）安全工程文化的内容

（1）安全理念

安全理念是人们在长期、丰富的工程实践的基础上，经过长期、深入的理性思考而形成的对安全的发展规律、发展方向和有关的思想信念、理想追求的集中概括与高度升华。理念指导行为，行为产生结果。从安全文化的发展历史来看，安全理念经历了四个发展阶段，如图 5.4 所示。第一阶段是宿命论，也就是听天由命；第二阶段是经验论，事后亡羊补牢；第三阶段是系统论，考虑人、机、环境等综合因素；第四阶段是本质论，强调超前、预防、主动。下面介绍几个常见的安全理念。

图 5.4　安全理念发展阶段

a. 安全第一

在工程活动中，安全理念具有根本重要性，它从根本上决定着工程的安全性。大量的案例证明，不能真正认识到安全第一的企业发生事故的可能性比较大。

2014 年 8 月 2 日 7 时 34 分，位于江苏省苏州市昆山市昆山经济技术开发区的昆山中荣金属制品有限公司抛光二车间发生特别重大铝粉尘爆炸事故。事故车间除尘系统较长时间未按规定清理，铝粉尘集聚。除尘系统风机开启后，打磨过程产生的高温颗粒在集尘桶上方形成粉尘云。1 号除尘器集尘桶锈蚀破损，桶内铝粉受潮，发生氧化放热反应，达到粉尘云的引燃温度，引发除尘系统及车间的系列爆炸。由于没有泄爆装置，爆炸产生的高温气体和燃烧物瞬间经除尘管道从各吸尘口喷出，导致全车间所有工位操作人员直接受到爆炸冲击，造成群死群伤。

对这次事故原因分析如下。

由于一系列违法违规行为，整个环境具备了粉尘爆炸的五要素，引发爆炸。粉尘爆炸的五要素包括：可燃粉尘、粉尘云、引火源、助燃物、空间受限。

① 可燃粉尘。事故车间、除尘系统未按规定清理，铝粉尘沉积。

② 粉尘云。除尘系统风机启动后，通过一条管道进入除尘器内，在除尘器灰斗和集尘桶上部空间形成爆炸性粉尘云。

③ 引火源。铝粉吸湿受潮，与水及铁锈发生放热反应。除尘风机开启后，在集尘桶上方形成一定的负压，加速了桶内铝粉的放热反应，温度升高达到粉尘云的引燃温度。

④ 助燃物。在除尘器风机作用下，大量新鲜空气进入除尘器内，支持了爆炸发生。

⑤ 空间受限。除尘器本体为倒锥体钢壳结构，内部是有限空间，容积约 8 立方米。

中荣公司无视国家法律，违法违规组织项目建设和生产，是事故发生的主要原因，具体违法违规的表现如下。

① 厂房设计与生产工艺布局违法违规。

② 除尘系统设计、制造、安装、改造违规。

③ 车间铝粉尘集聚严重。

④ 安全生产管理混乱。

⑤ 安全防护措施不落实。

截至 2014 年年底，事故造成 146 人死亡，114 人受伤，直接经济损失 3.51 亿元人民币。

b. 一切伤亡事故均可预防

海恩法则是德国飞机涡轮机的发明者德国人帕布斯·海恩提出的一个在航空界关于飞行安全的法则。海恩法则指出，每一起严重事故的背后，必然有 29 次轻微事故和 300 起未遂先兆及 1000 起事故隐患。海恩法则强调两点：一是事故的发生是量的积累的结果；二是再好的技术，再完美的规章，在实际操作层面，也无法取代人自身的素质和责任心。

c. 安全创造效益

安全不是成本，而是一种投资，安全业绩好，事故就少，处理事故的花费、责任罚款工伤保险等费用就会降低。重大的安全事故会导致企业的破产。麦克唐纳·道格拉斯公司（简称麦道公司）曾经是美国一家著名的飞机制造公司，这家公司早年专注于生产军用飞机，著名的 F-15 "鹰式" 战斗机就是在 20 世纪 70 年代末诞生于该公司。在军工领域的巨大成功，促使麦道公司把触角伸向民用航空领域，然而麦道公司研发的几款客机，虽然在设计上具有划时代意义，但在实际应用方面，却频频出现安全事故。而此后 MD-80、MD-82 等麦道机型先后出事，导致公司声誉受损，市场占有率急剧下滑。1996 年年底，波音公司出资 133 亿美元收购了麦道公司。自此，"麦克唐纳·道格拉斯" 这个美国航空制造业曾经响亮的名字成为历史。

（2）安全制度

制度是安全工程文化的重要内容，制度就是要求工程共同体成员共同遵守的办事规程或行动准则，是一种规范，是一种行为约束。《易经》中有一句话说得很好："天地节而四时成。节以制度，不伤财，不害民。" 有了制度，就可以形成工程活动中必须坚持的基本原则，这样的工程才能达到满足社会的需求，不伤财，不害民。中国飞船研制在质量控制上有个"三零"制度，包括零疑点、零缺陷、零故障。当年神舟三号飞船（如图 5.5 所示）进入发射基地后，在测试中发现一个穿舱接插件中的一个触点不能导通，经举一反三的检查，发现还有 75 个同类、同批次的接插件，是更换有问题的接插件还是全部更换呢？最后按照故障归零制度，这批接插件全部重新设计、生产和试验。事后证明零件设计有问题。因此发射推迟了三个月，但最终神舟三号飞船发射取得圆满成功。

图 5.5　神舟三号飞船

标准也是一种制度约束。发达国家的一些重大事故反而推动了相关法律和行业标准的改革和进步。1984 年，美国联合碳化物公司在印度博帕尔市发生了氰化物泄漏事故，造成了 2.5 万人直接致死，55 万人间接致死，另外有 20 多万人终身残废。事故发生后，美国立即发布了《高度危险化学品工艺安全管理条例》，以防止类似事故再次发生。

制度也是在不断完善、修正的。1988 年英国北海阿尔法天然气平台曾发生连环爆炸，导致 165 人丧生。此前，英国政府对安全监管有非常多的硬性要求，其中一条是如果平台发生意外，员工不可跳海求生。原因是北海的气象、水文条件比较差。令政府尴尬的是，此次事故中最后的幸存者却都是违规跳海的人。随后，英国政府立即修改了相关规定，不再硬性规定事故发生时人员如何逃生。

（3）安全技术

安全技术是安全工程文化系统中的最重要最基础的决定性因素。以美国采矿业为例，目前，美国约有 2100 个煤矿，煤矿从业人员 10.87 万人，其中矿工 8.8 万人。作为仅次于中国的世界第二采煤大国，近年来产煤每百万吨，人员死亡率一直在 0.03% 以下。2002—2004 年，美国产煤分别为 9.94 亿吨、9.73 亿吨、10.1 亿吨，煤矿安全事故死亡人数分别为 27 人、30 人、28 人。2005 年创下新低，仅 22 人。美国煤矿业近 30 多年来的实践也证明，新技术的推广和采用能大幅度降低煤矿安全事故。新技术在安全方面的贡献主要有几个方面：一是信息化技术的广泛采用，增强了煤矿开采的计划性和对安全隐患的预见性，计算机模拟、虚拟现实等新技术，可以大幅度减少煤矿挖掘中的意外险情，也可以帮助制定救险预案；二是机械化和自动化采掘，提高了工作效率，减少了下井人员数量，也就减少了容易遇险的人群；三是推广安全性较高的长墙法，取代传统形式的坑道采掘；四是推广新型通风设备、坑道加固材料、电器设备，从而提高了安全指标。

（4）安全执行力

提升安全执行力是建设安全工程文化的核心内容。安全执行力受到的影响因素是多种多样的，主要包括六个方面。

① 安全组织制度。安全组织制度包括组织结构的设计、部门职能的划分、岗位职责的确定、责权利的界定及岗位匹配程度等。

② 安全管理制度。安全管理制度包括约束制度和激励制度。

③ 领导执行力。世界组织行为学大师保罗·赫塞曾经说过，"执行力问题就是领导者的问题"，所以领导者的执行力比一般中层或是员工的执行力更为重要。

④ 员工意愿和能力。员工是企业的主人，企业所有活力的源泉在于广大员工的积极性、主动性及实际操作能力。只有员工全身心参与，企业才能不断地促进各项管理精细化，管理体系不断完善。管理水平达到先进水平，企业才能生机勃勃。

⑤ 执行力文化。执行力文化包括执行精神、执行价值观、伦理及受组织氛围影响。

⑥ 安全投入。安全是为安全生产、经营管理和改革发展服务的。注重实效，需要硬件投入。提高设备设施安全稳定性，及时消除隐患，杜绝事故发生，才能确保取得良好的安全绩效。

（5）安全信息传播

安全信息传播就是把安全文化知识、安全基本技能、安全操作要素传递给员工，并形成员工普遍安全认识和自觉安全行为的过程。安全信息传播就是让员工认识、认知、认同。其形式上分为：组织传播、主题活动传播、人际传播、媒体传播。

2）安全工程文化的功能

安全工程文化的功能包括以下几个。

（1）影响功能

安全工程文化的影响力是通过安全观念文化的建设来影响决策者、管理者和执行者对安全的态度和认识，强化社会每一个成员的安全意识的。安全工程文化能使人们树立正确的安全意识、态度、信念、道德和行为准则，提升个人现代安全素质，增强安全生产的自觉性。

（2）导向功能

安全工程文化是人们心灵深处的安全意识形态。它是人们对安全问题的个人响应与情感认同。安全工程文化影响人的道德、伦理、观念、情感等深层次的人文因素，使社会每一个成员逐步提高对安全的理解和认识，不断提高人们的安全修养、改进其安全意识和行为，使人们明白什么是正确的安全态度和安全信念。树立科学的安全道德观和目标行为准则，为人们提供正确的安全指导思想和精神力量，使人们懂得个人的行为习惯和方式不仅是个人生活的安全要素，而且已经成为社会生产和生活的安全因素。使社会成员的安全价值观念和安全目标基本趋于一致和形成共识，引导人们的思想和行动从不得不服从管理制度的被动执行状态，转变成主动自觉地按安全要求开展工作。

（3）激励功能

安全工程文化的激励功能，是安全工程文化使社会单位成员从内心产生一种情绪高昂的奋发进取效应。通过发挥人的主动性、创造性，使人们树立正确的安全文明生产和生活的思想、观念和行为准则，使人们形成强烈的安全使命感，激励每一个人形成持久的驱动力，在社会、企业和组织内部建立强大的安全文化氛围，营造"安全第一"的安全文化场所，形成全体成员认同和遵守的行为规范。借助群体效应和从众心理，引导人们自律，产生安全行为的自觉性。人们越是认识到行为的意义及行为的社会意义，就越能产生行为的推动力，使人们对于在安全文化建设方面的成绩产生成就感、自豪感和荣誉感，更进一步地投入到安全文化建设的潮流之中，也启发和带动更多人投身于安全工程文化建设，使人们在安全价值观和安全目标的强大精神感召下，相互激励，形成自觉、自信和自愿实现安全生产和安全生活的内在动力，产生实施行为的积极性和主动性。

（4）约束功能

安全工程文化的约束功能，与传统的管理理论中单纯强调制度的硬约束不同，它虽有成文的硬制度约束，但更强调的是不成文的软约束。通过安全工程文化的建设，安全观念、安全伦理道德在人们思想上扎根，安全科技知识被人们掌握，使人们对安全在生产、生活中的作用和意义有更加深刻的认识，使其对安全的价值有正确的理解，人们就会自觉地按安全的要求去约束自己，去规范自己的行为，从而进行自我约束、自我控制，更有效地推动安全生产与生活。

5.2.2 安全工程文化的特征

安全工程文化的特征包括以下几个方面。

1. 时代性

安全工程文化的发展和繁荣均受到时间、地点、当时政治背景、经济基础、社会环境、科技进步及当时大众需求的影响，也受到世界科技进步、政治斗争、市场经济竞争的影响，具有明显的时代特征。图 5.6（a）、（b）分别为解放初期煤矿井下图和现代采矿井下巷道图。

（a）解放初期煤矿井下图

（b）现代采矿井下巷道图

图 5.6　煤矿井下图

2. 实践性

安全工程文化源于人类的安全生产、安全生存实践活动。安全活动的经验和理论经过传播、继承、优化和提炼，又反作用于安全实践活动来指导实践，并升华和发展为新的安全工程文化内容。没有实践活动，就没有新的原始创新理论和现代安全科技方法和手段。粉墙黛瓦和马头墙是徽派建筑的典型特征，马头墙具有防火和防风的双重作用。将这种建筑技术推广运用于民居建筑的是明朝弘治年间的徽州知府何歆。当时徽州府城火患频繁，因房屋建筑多为木质结构，损失十分严重。何歆经过深入调查研究，提出每五户人家组成一伍，共同出资，用砖砌成"火墙"以阻止火势蔓延，并以政令形式在全徽州强制推行。一个月时间，徽州城乡就建造了"火墙"数千道，有效遏制了火烧连片的问题。何歆创制的"火墙"因能有效封闭火势，阻止火灾蔓延，被后人称之为"封火墙"。随着对"封火墙"防火优越性认识的深入和社会生产力的提高，人们已不满足于"一伍一墙"，逐渐发展为每家每户都建封火墙。后来的徽州建筑工匠们在建造房屋时又对"封火墙"进行了美化装饰，使其造型如高昂的马头。于是，粉墙黛瓦和马头墙便成为徽派建筑的重要特征之一。

3. 系统性

安全工程文化涉及领域广泛，不仅是文化学与安全科学的交叉与综合，还是自然科学与社会科学的交叉与综合。用系统工程的思想，综合处理的方法，建立安全文化系统工程的体系。

图 5.7　长江三峡工程

应用各种科技手段，评价总系统的科学性、有效性。例如，中国著名的大工程——长江三峡工程（如图 5.7 所示）在建设时除了考虑防洪发电、通航等经济、社会效益，还考虑了生态安全、地质灾害安全、军事安全、水质安全、移民迁移安全等众多问题，是个非常复杂的系统工程，仅仅为了预防地质灾害而建的堤坝防护就投入了近百亿元。

4. 多样性

安全工程文化内涵丰富，安全工程文化活动涉及的领域和时空，人民大众对安全文化接受的程度和安全文化素质，决定了安全工程文化的多样性特点。因此，安全工程文化既有安全生产领域的，也有安全生活领域和安全生存环境的。由于人们对安全认识的局限和阶段性，及安全价值观和安全行为规范的差异，安全精神和安全物质需求的不同，必然会建立或形成各种各样的安全工程文化形式和模式，并会为不同程度的人们所接受。这就形成了人民安全工程文化知识和素质上的差异，成为安全工程文化多样性的根源之一。

5. 创塑性

文化是可以继承、吸收的。先进的文化可被不同社会、不同民族、不同国家接受。按时代的需求，按人们的特殊要求，以先进文化的观点，人们可以能动地、科学地、有意识地、有目的地创新和塑造一种理想的新文化。秦山核电站（如图 5.8 所示）是中国第一座自行设计、建造和运营管理的 30 万千瓦压水堆核电站，于 1996 年开始建设，于 2003 年

图 5.8　秦山核电站

建成。秦山核电站在工程建设中，公司坚持自主原则，实施核电工程与国际接轨，探索总结出一套与国际接轨的"垂直管理，分级授权，相互协作，横向约束，规范化、程序化和信息化运作"管理模式，有效地实施"质量、进度、投资"三大控制，注重在实践中发展、深化公司文化建设，倡导并实践"安全无借口，赢在执行，以人为本，追求卓越"的理念，营造了"融合、坦诚、开放，阳光心态，关注细节"的工作氛围，提升执行力和文化力。

5.3　机械安全标准

众所周知，安全是人类生存中最重要、最基本的需求，是人们生命与健康的基本保证，一切生活、生产活动都源于生命的存在。在机械工业中，安全涉及人、机械和环境三个方面，导致不安全的原因主要也是这三个方面，即人的不安全行为、机械的不安全状态及不安全的环境。过去，人们往往对人的不安全行为比较重视，而对机械的不安全状态及环境的危害重视不够。这种不安全存在于机器的设计、制造、运输、安装、使用、报废、拆卸及处理等各个环节，机械安全事故的发生往往是多种因素综合作用的结果。

5.3.1 机械安全概述

1. 机械安全定义及特征

机械安全是指机械在全生命周期内，风险被充分减小的情况下，执行其预定功能而对人体不产生损伤或危害健康的能力。也就是说，机械安全是从人的需要出发，在使用机械全过程的各种状态下（如运输、安装、调试、运行、维护、处理等），达到人体免受外界因素危害的状态和条件。为确保机械安全，需从设计（制造）和使用方面采取安全措施，也就是现在提倡的本质安全。当设计确实无力解决时，可通过使用信息的方式将遗留风险告诉用户，由用户在使用时采取相应的补救安全措施，同时要考虑合理的、可预见的各种误用的安全性，采取的各种安全措施不能妨碍机械执行其正常使用功能。但是由于机械设备使用人员的复杂性和多变性，很难通过消除人的不安全行为来避免安全事故的发生，而通过技术手段消除物的不安全状态更容易实现，也更加有效。这一点也体现了现代机械安全技术的设计理念。

机械安全的基本特征主要包括以下六个方面。

① 系统性。机械安全自始至终运用了系统工程的思想和理念，将机械作为一个系统来考虑。

② 综合性。机械安全综合运用了心理学、控制论、可靠性工程、环境科学、工业工程、计算机及信息科学等方面的知识，是多学科交叉的领域。

③ 整体性。机械安全全面、系统地对导致危险的因素进行定性、定量分析和评价，整体寻求降低风险的最优方案。

④ 科学性。机械安全全面、综合地考虑了诸多影响因素，通过定性、定量分析和评价，最大限度地降低机械在安全方面的风险。

⑤ 防护性。机械安全使机械在全生命周期内发挥预定功能，其防护效果要求人员、机械和环境等都是安全的。

⑥ 和谐性。机械安全要求人与机械之间能满足人的生理、心理特性，充分发挥人的能动性，提高人机系统效率，改善机械操作性能，提高机械的安全性。

2. 机械安全标准及特征

机械安全标准是规定机械全生命周期内设计、制造、使用、维护、维修、报废等各阶段必要的安全要求，实现机械在其全生命周期内的本质安全和安全生产的技术依据。其目的是实现避免和减小对人员的机械伤害，保证劳动者的职业健康。在当今国际贸易中，机械安全标准也已成为消除机械产品贸易技术壁垒的主要依据。

机械安全标准的特征主要包括以下五个方面。

① 统一性。为了保证机械安全所必需的工作秩序，确定适合于一定时期和一定条件下的机械安全一致性规范。随着时间的推移和条件的改变，旧的机械统一由新的机械所代替。

② 协调性。为了使机械安全标准的整体功能达到最佳，并产生实际效果，必须通过有效的方式协调好各类机械安全标准之间的关系，建立和保持相互一致的技术要求，适应或平衡各种关系所必须具备的条件。

③ 择优性。在一定的限制条件下，按照特定目标对机械安全标准体系的构成因素及其关系进行选择、设计或调整，使之达到最理想、最优化的效果。

④ 系统性。机械安全标准分为基础类、通用类及专业类安全标准，各类标准之间有着紧密的联系，相互支撑，密切配合。

⑤ 适用性。机械安全标准广泛适合于设计、制造、使用和管理等领域，紧贴市场，满足需求。

5.3.2 机械安全技术条件

1. 机械安全标准体系

1）我国的机械安全标准体系

与发达国家相比，我国的机械安全标准化工作起步较晚，1994 年，全国机械安全标准化技术委员会（SAC/TC 208）（简称标委会）成立，成立之初标委会贯彻了"立足基本国情、蓄纳国际先进、放眼大机械、涵盖全过程、发展可持续"的指导思想，把握了体系建设的正确方向，使我国机械安全标准体系建设得以稳步而快速地完成。经过十多年的发展，我国机械安全标准化工作已逐步与国际接轨，并建立了较为完善的机械安全标准体系，使我国机械安全标准体系不仅与国际机械安全标准体系联系紧密，而且又保持了我国机械安全标准体系的相对独立。按照机械安全标准的适用范围，可将机械安全标准分为三类。

（1）A 类标准（基础机械安全标准）

该类标准给出了适用于所有机械安全的基本概念、设计原则和一般特征，全部属于推荐性标准。

（2）B 类标准（通用机械安全标准）

该类标准适用于机械的安全特征或使用范围较宽的安全防护装置。B 类标准按照标准的具体内容分为强制性标准和推荐性标准，是否强制执行是由市场需求决定的。一般情况下，如果不按照标准的规定执行，对人身健康和安全造成伤害的可能性非常大，并且伤害程度比较严重的标准应制定为强制性标准，其他制定为推荐性标准。B 类标准还可细分为：一是 B1 类标准——

即特定安全特征（如安全距离、表面温度、噪声等）标准；二是 B2 类标准——即安全装置（如双手操纵装置、连锁装置、压敏装置、防护装置等）标准。

（3）C 类标准（专业机械安全标准，也称产品安全标准）

它是针对一种特定的机械或一组机械规定详细安全要求的标准。例如，分离机安全要求、铸造机械安全要求、空调用通风机安全要求、包装机械安全要求等，都属于 C 类标准。由于 C 类标准规定具体机械的安全要求，因此 C 类标准多为强制性标准。

我国的机械安全标准体系中各类标准之间的关系可用图 5.9 所示的金字塔形状形象地表示出来。A 类标准位于金字塔的最顶端，起到统领所有机械安全标准的重要作用，A 类标准中的基本概念、设计通则及方法几乎被所有的 B 类标准和 C 类标准所引用。B 类标准确定的安全参数或规定的安全防护装置被部分 C 类标准所引用，但允许 C 类标准中的安全要求与 B 类标准不一致，此时优先采用 C 类标准。

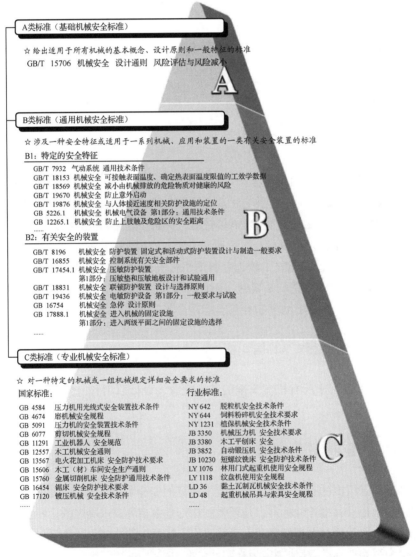

图 5.9　我国的机械安全标准体系中各类标准之间的关系

我国机械安全标准体系有四个方面的显著特点：一是立足基本国情，蓄纳国际先进，并与国际机械安全标准紧密相连；二是立足"大安全"，把产品安全标准与基础安全标准紧密相连，并把产品安全标准视为体系的重要组成部分；三是该体系与安全生产实现无缝对接，为政府对行业和企业的安全监管提供了有效的手段；四是该体系为自动化技术、智能制造等新技术应用到安全领域提供了广阔的空间。

2）欧盟机械安全标准体系

欧盟理事会在欧洲一体化的进程中，明确了法律法规及标准之间的地位与关系，随之出台了一系列欧盟法律及法规。《机械指令》就是在此背景下出台的，属于技术法规的范畴。在该指令中，明确了机械产品必须达到的基本安全卫生要求。因此欧盟机械安全标准与《机械指令》紧密相关，形成了有一定内在联系的"机械指令—机械安全标准"关系模式（如图5.10所示）。欧盟标准由欧洲标准化委员会（CEN）和欧洲电工标准化委员会（CENELEC）负责制定，统称为协调标准。30多年的发展表明，欧洲标准化组织所建立起的欧盟机械安全标准关系模式适应了欧洲科学技术的发展需要，保持了标准体系的相对稳定，并得到了国际社会的广泛认可。

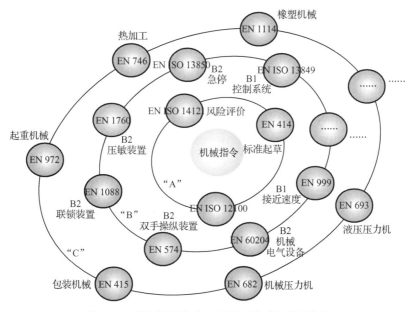

图 5.10　欧盟"机械指令—机械安全标准"关系模式

欧盟将机械安全标准分为 A、B、C 三类，A 类为基础类标准；B 类为通用类标准；C 类为产品类标准。三类标准均围绕机械指令的基本健康安全要求制定。

A 类标准规定适用于所有机械的设计通则和风险评估方法（EN ISO 12100），以及机械安全标准的起草和表述规则（EN Guide 414）。B 类标准由 B1 类和 B2 类组成。B1 类包括电磁兼容类、人类工效学类、防火防爆类、卫生类、噪声类、辐射类、安全距离等标准；B2 类包括进入机械的固定设施、安全控制系统、防护装置、保护装置等标准。C 类标准将机械指令中的安全与健康要求细化到具体某一类机器或一组机器，C 类标准涉及的范围非常广泛，从普通家庭的门窗、鼓风机到大型的风力涡轮机、航空器地面支持设备等。

欧盟机械安全标准体系具有以下特点。

① 标准支撑技术法规（机械指令）的实施，有效减少了对技术法规的修订。机械指令是技术法规，属于法律范畴，机械指令只规定安全和健康等方面的基本要求，而技术细节由机械安全标准来保证。

② 欧盟机械安全标准体系，提高了机械安全标准之间的一致性和互补性。欧洲标准化组织将机械安全标准分为 A 类、B 类和 C 类，各类标准的适用范围按顺序逐步缩小，C 类标准一般只适用于某一类机器。这样，即使某类机械产品没有对应的 C 类标准，甚至 B 类标准也没有，该产品也可以按照 A 类标准中的要求和方法进行设计和制造。

③ 有利于机械安全标准的顺利实施。机械产品进入欧盟市场必须满足机械指令中的基本健康与安全要求，但由于证明满足这些要求在实际的操作中并不容易实现，而机械安全标准就为制造企业提供了方便，所以即使欧盟所有的机械安全标准都是自愿性的，但制造企业为了方便地证明其产品符合机械指令，用了满足机械指令的"快速途径"——按照相关的机械安全标准设计和制造，这大大促进了机械安全标准的实施。

3）美国机械安全标准体系

美国机械安全标准由职业安全与健康管理局（OSHA）制定的强制性标准和美国国家标准学会（ANSI）发布的推荐性标准两部分组成，并依此构成了美国的机械安全标准体系。OSHA在制定某些机械安全标准时，多处引用了现有的 ANSI 标准。由于 OSHA 标准是强制执行的，因此制定 ANSI 标准必须考虑 OSHA 标准中的安全要求，OSHA 标准与 ANSI 标准之间既有区别又有联系。

美国机械安全标准体系具有以下特点。

① 美国机械安全标准体系主要由两大部分组成，两部分标准相互关联又自成体系。美国机械安全标准体系主要由强制性的 OSHA 标准和推荐性的 ANSI 标准组成。OSHA 标准由职业安全与健康管理局组织制定并作为执法检查的依据，各州可以根据 OSHA 标准制定自己的标准，但也可以直接按照 OSHA 标准执行。因此 OSHA 标准从政府管理监督的层面形成了自上而下的体系。而 ANSI 标准也正在与国际标准接轨，在采用了 ISO 12100 之后，与现有的 B类标准和 C 类标准形成了类似于 ISO 的机械安全标准体系。

由于 OSHA 机械安全标准必须强制执行，所以在 OSHA 标准发布后，ANSI 在制定或修订机械安全标准时必须与 OSHA 标准中的安全要求一致甚至高于其要求。两部分标准相互协调，形成了美国机械安全标准体系。

② OSHA 的监督检查保证了机械的安全性，进入美国市场的机械产品无须加贴安全标志。OSHA 和 ANSI 的机械安全标准关注的是机械使用时的安全（安全要求针对机械的用户和企业的雇主），这一点是美国与欧盟甚至世界大多数国家或地区不同之处。在美国，如果企业发生安全事故，OSHA 将介入调查，如果发现雇主使用了不安全的机械，将遭受高额的罚款。这种

办法使得雇主不得不选择安全的机械，从而使不安全的机械失去市场，机械制造企业自然不愿意生产没有市场的不安全机械。因此，进入美国的机械产品，需要满足相关的机械安全标准，但一般无须加贴任何安全标志。

③ OSHA 标准中引用 ANSI 标准，促进了 ANSI 标准的顺利实施。OSHA 在制定标准时多处引用了 ANSI 的安全标准。虽然 ANSI 的安全标准属于推荐性的，一旦标准中的条款被 OSHA 标准所引用，OSHA 就将 ANSI 标准中的要求转变为联邦的要求，ANSI 标准由推荐性标准变为实质上的强制性标准。这样极大地促进了 ANSI 的机械安全标准的贯彻实施。

2. 机械安全设计

1）基本原则

机械安全设计是从源头消除"物的不安全状态"的最有效手段，也是使机械设备本身达到本质安全的有效手段，并且在设计阶段消除危险源所需的代价也最小。在设计阶段必须综合考虑各种因素，正确处理设备性能、产量、效率、可靠性、实用性、先进性、使用寿命、经济性和安全性之间的关系，但安全性是必须首先考虑的。

由于产生"物的不安全状态"的源头是与机械相关的各种危险，在设计时必须采取措施消除这些危险或将这些危险产生的风险减小至可接受的水平。因此，机械安全设计的过程就是一个风险减小的过程。

为了有效消除或减小风险，设计机械时需按照以下步骤依次采取措施。

① 确定机器的各种限制，包括预定使用和任何可合理预见的误用；

② 识别危险及其伴随的危险状态；

③ 对识别出的每一种危险和危险状态都进行风险估计；

④ 评价风险并决定是否需要减小风险；

⑤ 采取保护措施消除危险或减小危险伴随的风险。

其中，措施①~④与风险评估相关，措施⑤与风险减小相关。

2）风险评估

风险评估是以系统方法对与机械有关的风险进行分析和评价的一系列逻辑步骤。必要时，风险评估之后需要进行风险减小。为了尽可能通过采取保护措施消除危险或充分减小风险，有必要重复进行该过程。

风险评估包括风险分析和风险评价两个步骤，风险分析提供了风险评价所需的信息，最终判断是否需要减小风险。如果需要减小风险，则需要选用适当的安全防护措施。在采用风险减小三步法的每个步骤后确定是否达到充分的风险减小。作为该迭代过程的一部分，设计者还需检查采用新的保护措施时是否引入了额外的危险或增加了其他风险。如果出现了额外的危险，则应把这些危险列入已识别的危险清单中，并提出适当的保护措施。

3）风险减小

通过消除危险，或通过分别或同时减小下述风险的两个因素，可以实现风险减小。

① 所考虑危险产生伤害的严重程度；

② 伤害发生的概率。

风险减小过程应按照下列优先顺序进行，图 5.11 所示为基于风险减小迭代三步法的机械安全设计流程。

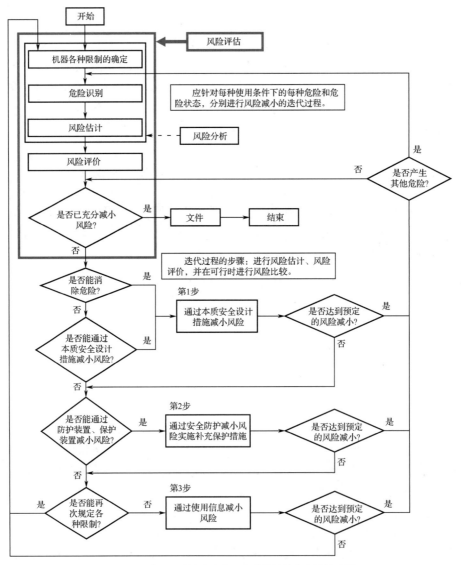

图 5.11　基于风险减小迭代三步法的机械安全设计流程

第一步：本质安全设计措施

本质安全设计措施通过适当选择机器的设计特性和/或暴露人员与机器的交互作用，消除危险或减小相关的风险。本质安全设计措施是风险减小过程中的第一步，是最重要的步骤，也是不采用安全防护或补充保护措施等而消除危险的唯一阶段。

（1）考虑几何因素和物理特性

几何因素包括：机械部件的形状和相对位置，使人体的相应部位可以安全地进入；通过减小间距使人体的任何部位不能进入；避免锐边、尖角和凸出部分等。

物理特性包括：将致动力限制到足够低，使被致动的部件不会产生机械危险；限制运动部件的质量、速度，从而限制其动能；根据排放源特性限制排放，采取措施减小噪声、振动、有害物质和辐射的排放。

（2）考虑机械设计的通用技术知识

通用技术知识可从设计技术规范（标准、设计规范、计算规则等）中得到，这些知识包括机械应力、材料及其性质，以及噪声、振动、有害物质、辐射等的排放值。

（3）选择适用的技术

对于具体的应用，通过技术的选用可消除一种或多种危险，或者减小风险。例如，预定用于爆炸性环境中的机器，可采用合适的气动或液压控制系统和机器执行器，以及本质安全的电气设备。

（4）采用直接机械作用原则

如果一个机械零件运动不可避免地使另一个零件通过直接接触或刚性连接件随其一起运动，这就实现了直接机械作用。

（5）稳定性

机器的设计应使其具有足够的稳定性，并使其在规定的使用条件下可以安全使用。需要考虑的因素包括底座的几何形状、重量分布、由运动引起的且能够产生倾覆力矩的动态力、振动、重心的摆动、设备行走或不同安装地点（如地面条件、斜坡）的支承面的特性、外力等。在机器生命周期的各个阶段内，都需要考虑机器的稳定性。

（6）维修性

需要考虑以下使机器可维护的维修性因素：可接近性；易于搬运，考虑人的能力；专用工具和设备的数目限制。

（7）遵循人类工效学原则

设计机械时需要考虑人类工效学原则，以减轻操作者心理、生理压力和紧张程度。在初步设计阶段，分配操作者和机器的功能（自动化程度）时，考虑人类工效学原则也能改善操作性能和可靠性，从而降低机器所有使用阶段内的出错概率。

第二步：安全防护和补充保护措施

考虑到预定使用和可合理预见的误用，如果通过本质安全设计措施消除危险或充分减小与其相关的风险实际不可行，则可使用经适当选择的安全防护和补充保护措施来减小风险。

（1）安全防护

为了防止运动部件对人员产生危险，可根据运动部件的性质和进入危险区的需求，选择和使用合适的防护装置和／或保护装置。图5.12所示为选择安全防护装置防止由运动部件产生危险的指南。正确选用安全防护装置应基于该机器的风险评估结果。对于在机器正常运行期间不需要操作者进入危险区的场合，一般可选择固定式防护装置。

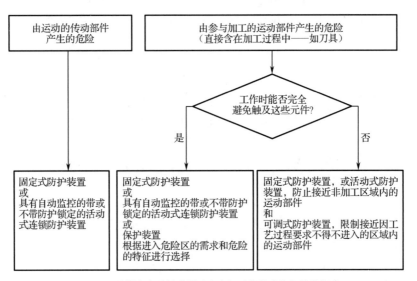

图5.12　选择安全防护装置防止由运动部件产生危险的指南

随着需要进入危险区的频次增加，不可避免地导致固定式防护装置无法回到原处，此时需要使用其他保护措施（活动式连锁防护装置、敏感保护设备）。

另外，有时可能需要使用安全防护装置的组合。例如，与固定式防护装置联合使用的机械式加载（装料）装置用于将工件送入机器，从而消除进入主要危险区的需求。此时，可采用一个断开装置防止由机械式加载（装料）装置与可触及的固定式防护装置之间产生的次要卷入或剪切危险。

（2）补充保护措施

根据机器预定用途及可合理预见的误用，可能不得不采用既不是本质安全设计措施、安全防护（使用防护装置和 / 或保护装置），也不是使用信息的保护措施。这类措施称为补充保护措施，这些措施包括：实现急停功能的组件和元件；被困人员逃生和救援的措施；隔离和能量耗散的措施；提供方便且安全搬运机器及其重型零部件的装置；安全进入机器的措施。

第三步：使用信息

尽管采用了本质安全设计措施、安全防护和补充保护措施，但风险仍然存在时，则需要在使用信息中明确剩余风险。

3. 机械安全防护

1）安全防护装置

根据定义，防护装置是指为机器的组成部分设计的提供保护的物理屏障。根据防护装置的结构，可将其称为外壳、护罩、盖、屏、门等。防护装置之外的安全保护装置都可称为保护装置，保护装置有时也被称为安全装置。在这里简单介绍机械设备常用的几种防护装置和保护装置。

（1）防护装置

a. 固定式防护装置

固定式防护装置是指以一定方式（如采用螺钉、螺母、焊接等）固定的，只能使用工具或破坏其固定方式才能打开或拆除的防护装置，如图 5.13 所示的防护罩。

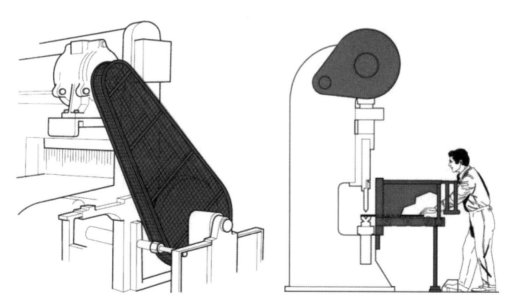

图 5.13　固定式防护装置示例（防护罩）

b. 连锁防护装置

连锁防护装置是指与连锁装置联用的防护装置，如图 5.14 所示，同机器控制系统一起实现以下功能。

① 在防护装置关闭前，其"遮蔽"的危险的机器功能不能执行；

② 在危险的机器功能运行时，如果打开防护装置，则发出停机指令；

③ 在防护装置关闭后，防护装置"遮蔽"的危险的机器功能可以运行。防护装置本身的关闭不会启动危险的机器功能。

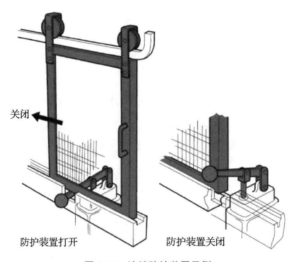

关闭

防护装置打开   防护装置关闭

图 5.14　连锁防护装置示例

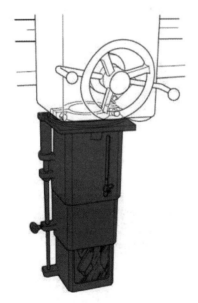

图 5.15　可调式防护装置示例

c. 可调式防护装置

可调式防护装置是指整体或者部分可调的固定式或活动式防护装置，如图 5.15 所示。

（2）保护装置

a. 压敏保护装置

压敏保护装置是由一个（或一组）能感应所施加压力的传感器、控制单元和一个或多个输出信号开关装置组成的安全装置，用于感测人体或人体部位的存在。常见的压敏保护装置有压敏垫、压敏地板（如图 5.16 所示）、压敏边等。

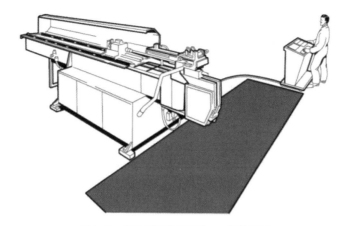

图 5.16　压敏保护装置示例——压敏地板

b. 有源光电保护装置

有源光电保护装置（AOPD）是通过光电发射元件和接收元件完成感应功能的装置，可探测特定区域内由于不透光物体出现引起的该装置内光线的中断。常见的有源光电保护装置有安全光幕（如图 5.17 所示）、安全光栅等。

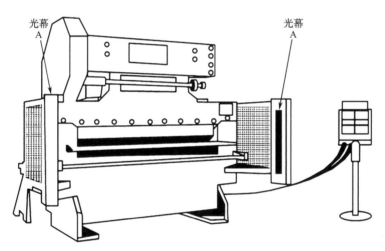

图 5.17　有源光电保护装置示例——安全光幕

c. 双手操纵装置

双手操纵装置（如图 5.18 所示）是指至少需要双手同时操作才能启动机器的控制装置，以此为该装置的操作人员提供一种保护措施。双手操纵装置在锻压机械、冲床等行业已得到广泛应用。

2）安全控制系统

机械设备及其安全防护装置的安全功能通常都需要安全控制系统来实现，而安全控制系统执行安全功能的能力，即安全控制系统的性能决定了安全功能对机械设备风险减小的作用大小。

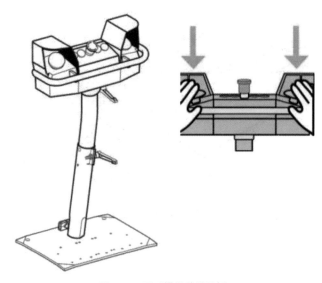

图 5.18　双手操纵装置示例

目前，体现安全控制系统性能的指标是性能等级（Performance Level，PL）。性能等级是指在可预期的条件下，用于规定控制系统安全相关部件执行安全功能的离散等级。PL 分为五级：a、b、c、d、e，其中 a 为最低级，e 为最高级。

5.3.3　自动扶梯安全技术应用实例

1. 自动扶梯的功能和特点

图 5.19　自动扶梯

自动扶梯（如图 5.19 所示）是带有循环运行梯级，用于向上或向下倾斜输送乘客的固定电力驱动设备，广泛应用于车站、码头、商场、机场和地下铁道等人流集中的地方。自动扶梯是由一台特种结构形式的链式输送机和两台特殊结构形式的胶带输送机组合而成的，带有循环运动梯路，运载人员上下的一种连续输送机械。一个完整的扶梯系统包括电动机、主传动机构、链条机构及滚轮、梯级、扶手等。自动扶梯的电气控制已经发展到比较成熟的阶段，其中安全和节能是目前最重要的两个课题。

1）自动扶梯的原理

自动扶梯的原理是以一系列的梯级与两根牵引链条连接在一起，由牵引链条（通过减速器等与电动机相连接以获得动力）拖动梯级的主轮，使梯级沿主轮轨道运行。

2）自动扶梯的组成及安装位置

自动扶梯主要由桁架、导轨、驱动装置、扶手装置、上下链轮、梯级和梯级链、安全装置、梳齿前沿板、扶手栏杆、润滑系统和电气控制等部件组成。

自动扶梯的主要部件及其安装位置如图 5.20 所示。

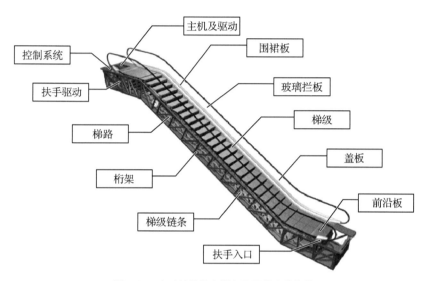

图 5.20　自动扶梯的主要部件及其安装位置

2. 扶梯危险源概述和分析

1）扶梯危险源概述

扶梯作为公共场所的常用设备，其安全性越来越多地受到广泛关注，非操纵逆转、梯级或踏板缺失等故障一旦发生，都有可能引发惨痛的人员伤亡事故。尤其前几年发生了多起扶梯逆行、挤压造成的人员伤亡事故，更坚定了国家质检总局将扶梯行业的安全强制标准《自动扶梯和自动人行道的制造与安装安全规范》从原先的 GB16899—1997 版更新至 GB16899—2011 版，并于 2012 年 8 月 1 号开始正式实施。

2）扶梯危险源分析

新版的 GB16899—2011《自动扶梯和自动人行道的制造与安装安全规范》紧跟国际标准，引入了用于自动扶梯和自动人行道的可编程电子安全相关系统和安全完整性等级两个概念。GB16899—2011 中，检测装置和电气安全装置（或功能）事件与风险的关系如表 5.1 所示。

表 5.1　检测装置和电气安全装置（或功能）事件与风险的关系

序号	被检测的事件	SIL 要求	可能风险
1	超速或运行方向的非操纵逆转。应防止启动	SIL2	严重伤亡
2	附加制动器的保护	SIL1	轻中度受伤
3	直接驱动梯级、踏板或胶带的元件（如链条或齿条）断裂或过分伸长。应防止启动	SIL1	轻中度受伤
4	驱动装置与转向装置之间的距离（无意性）伸长或缩短	SIL1	轻中度受伤
5	梯级、踏板或胶带进入梳齿板处，有异物夹住	SIL1	轻中度受伤
6	多台连续且无中间出口的自动扶梯或自动人行道中的一台停止运行，或者自动扶梯和人行道出口被建筑结构（如闸门、防火门等）阻挡。附加紧急停止装置	SIL2	严重伤亡
7	扶手带入口夹入异物	SIL1	轻中度受伤
8	梯级或踏板下陷。应防止启动。本条不适用于胶带式自动人行道	SIL2	严重伤亡
9	梯级或踏板缺失。应防止启动	SIL2	严重伤亡
10	自动扶梯或自动人行道启动后，制动系统未释放。应防止启动	SIL1	轻中度受伤
11	扶手带速度偏离梯级、踏板或胶带的实际速度超过 -15% 且持续时间超过 15 秒	SIL1	轻中度受伤
12	打开桁架区域的检测盖板和（或）移去或打开楼层板	SIL1	轻中度受伤

3. 扶梯安全解决方案

1）控制系统框架

根据节能控制及安全控制的要求，分别通过两套硬件系统进行对应，两套硬件系统之间通过串口或以太网通信进行数据交换，控制系统框架以欧姆龙公司产品为例，如图 5.21 所示。

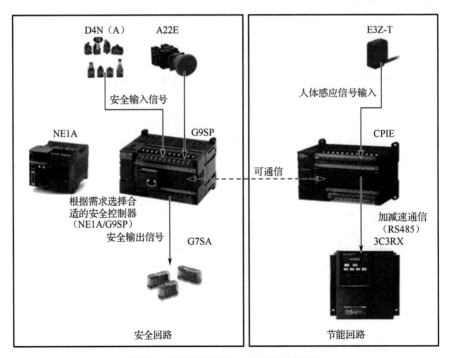

图 5.21　控制系统框架——欧姆龙公司产品

系统中主要有安全控制器（如欧姆龙公司的安全网络控制器 NE1A、独立型安全控制器 G9SP）、主电机转速控制的变频器、小型安全限位开关、欠相继电器、接近开关、PLC 等元器件，扶梯安全整体方案元器件配置如表 5.2 所示。

表 5.2　扶梯安全整体方案元器件配置

描　述	应　用	系列 / 型号
紧急停止按钮开关	扶梯的手动急停	A22E
小型安全限位开关	各种安全装置检测	D4N
安全控制器	扶梯安全回路检测与控制	G9SP
安全继电器	紧急情况切断主电源	G7SA
对射式光电传感器	人进入扶梯感应区检测	E3Z-T
小型一体式 PLC	一般回路、节能回路的检测与控制	CP1E
高功能变频器	扶梯主电机控制	3G3RX
反相、欠相继电器	电源的反相、欠相异常监控	K8AB-PH

2）安全控制回路的构成

为了达到自动扶梯安全新标准的要求并且能够保障乘客人身安全的电气设计，需要将检测信号输入、安全控制系统及安全输出三部分组成一个完整的安全控制回路，如图 5.22 所示。

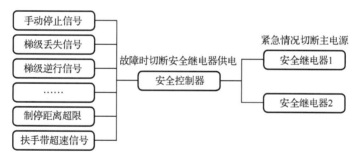

图 5.22　安全控制回路

（1）检测信号输入

检测信号输入分为自动检测信号和人为发现安全隐患而发出的安全报警信号。自动检测信号可以采用符合安全等级的安全限位开关及接近开关进行的检测和动作。人为发现安全隐患时，采用符合安全等级的安全急停开关来输出报警信号，自动检测报警信号中，需要安装安全限位开关的位置根据具体需求选配。自动扶梯各限位开关示意图如图 5.23 所示。

（2）安全控制系统

安全控制系统的作用在于检测到报警信号后立即切断输出设备的供电。

（3）安全输出

安全输出主要采用冗余的安全继电器，通过安全控制器进行线圈的通断控制，一旦安全控制器接收到报警信号需要紧急停机时，将断开对安全继电器线圈的供电，从而实现强行切断主电源并且启动制动系统使扶梯快速停止。

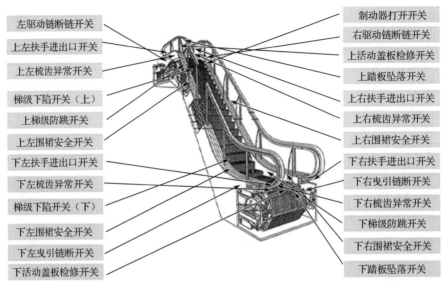

左驱动链断链开关
上左扶手进出口开关
上左梳齿异常开关
梯级下陷开关（上）
上梯级防跳开关
上左围裙安全开关
下左扶手进出口开关
下左梳齿异常开关
梯级下陷开关（下）
下左围裙安全开关
下左曳引链断开关
下活动盖板检修开关

制动器打开开关
右驱动链断链开关
上活动盖板检修开关
上踏板坠落开关
上右扶手进出口开关
上右梳齿异常开关
上右围裙安全开关
下右扶手进出口开关
下右曳引链断开关
下右梳齿异常开关
下梯级防跳开关
下右围裙安全开关
下踏板坠落开关

图 5.23　自动扶梯各限位开关示意图

安全继电器本身并不是不会发生故障，但可以在发生故障时做出导向安全的动作，因为其具有强制导向结构的触点，可以将其常闭触点作为反馈信号的输入以便于监控常开触点的熔接现象。

通过安全认证的安全控制器构成安全控制回路，可以很便利地实现扶梯的安全运行。依靠专用的安全功能块编写程序，在构筑安全回路时直观方便。无论是安全回路或是节能回路，都可以通过 PLC 进行串口或以太网通信，实现扶梯运行状态的组网监控。

第**6**章
企业工程文化

企业作为国民经济的细胞，是市场经济活动的主要参加者和社会生产与流通的直接承担者，是推动社会经济技术进步的主要力量。企业的经营状况关系整个国家经济的好坏，其效益的增长与国家经济实力、人民生活水平息息相关。

企业活力最终来自于人。企业工程文化作为员工所信奉的价值理念，是企业活力的内在源泉。优秀的企业文化对企业的成长具有积极的作用，如对内起导向、激励、规范、约束等作用，对外促进企业树立品牌形象等。

企业工程文化的建立是企业文化与工程文化不断磨合的过程，是一个复杂而长期的过程。优秀的企业工程文化不仅要重视产品的开发、服务的质量、信誉及生产环境等，更要重视社会环境、自然环境及国家意志等，实现经济效益和社会综合效益双赢，以防出现豆腐渣工程等。

6.1 企业的历史发展

"企业"一词是在清末变法之际，从日本借鉴而来的。而日本则是在明治维新以后，引进西方的企业制度过程中，从"enterprise"一词翻译而成。从字面上看，表示的是商事主体企图从事某项事业，且有持续经营的意思。在中国计划经济时期，1979 年版《辞海》中，企业的解释为"从事生产、流通或服务活动的独立核算经济单位"。如今，企业一般是指以盈利为目的，运用各种生产要素（土地、劳动力、资本、技术和企业家才能等），向市场提供商品或服务，实行自主经营、自负盈亏、独立核算的法人或其他社会经济组织。

6.1.1　企业的历史发展阶段

企业是一个历史概念，是社会生产力发展到一定阶段的产物。随着社会分工的发展，出现了商品生产与商品交换，才诞生了企业这种现代组织形式，更确切地说，企业是商品生产发展的产物。企业的发展史可以指从企业诞生之日起，不断改变着社会形态与性质的整个发展历程，也可以指一个企业或者一定地域内的企业从创立到消亡的历史。因此，企业的发展史要从宏观和微观两方面来认知。

从宏观上看，随着生产力的发展和社会的进步，企业形式也得到不断的发展与完善。企业的进化主要经历三个阶段：

① 企业的雏形——工场手工业：在封建社会末期，随着生产力的提高和商品经济的发展，小商品生产者逐渐加剧向两极分化，一些富裕的手工业作坊主或商人雇了较多的手工业者，组织他们在自己的作坊里共同劳动——简单协作。16世纪至17世纪，一些西方国家的封建社会制度向资本主义制度转变，资本主义原始积累加快，大规模地剥夺农民的土地，使家庭手工业急剧瓦解，开始向资本主义工场制转变。工场手工业时期指从封建社会的家庭手工业到资本主义初期的工场手工业时期。

② 企业的诞生——工厂制：随着时间的推移，工场手工业的生产渐渐不能满足市场开拓和贸易繁荣的需要。18世纪，西方各国相继开展了工业革命，英国著名的发明家理查德·阿克赖特发明的水力纺纱机在1769年获得专利权，并在诺丁汉创办了一家600人规模的水力纺织厂，被称为世界上第一家现代意义上的企业，同时被誉为工业革命第一步，标志着大机器的普遍采用，为工厂制的建立奠定了基础。19世纪三四十年代，工厂制度在英、德等国家普遍建立。工厂制的主要特点是：实行大规模的集中劳动；采用大机器提高效率生产；实行雇用工人制度；劳动分工深化，生产走向社会化。工厂制的建立，标志着企业的真正诞生。

③ 企业的成熟——现代企业：18世纪80年代，工厂制度产生以后，社会的基本生产组织形式从以家庭、手工工场为单位转向以工厂为单位，机器代替了手工操作，生产规模迅速扩大，企业发展分工日益细微，协作更加广泛。19世纪末20世纪初，随着自由资本主义向垄断资本主义过渡，工厂自身发生了复杂而又深刻的变化；不断采用新技术，使生产迅速发展；生产规模不断扩大，竞争加剧，产生了大规模的垄断企业；经营权与所有权分离，形成职业化的管理阶层；普遍建立了科学的管理制度，形成了一系列科学管理理论，从而使企业走向成熟，成为现代企业。

从微观上看，任何企业的发展都具有阶段性，结合当代企业的发展特点，一般将企业生命周期划分为创立、扩张、成熟、整合和蜕变阶段。企业发展史也是围绕企业的创立、扩张、成熟、整合和蜕变各阶段的发展状况，真实、准确、完善地记录下来的企业发展史册，同时也是企业管理团队与管理理念逐步摸索与完善的过程，具体包括以下内容：企业建制、企业发展过程、经营管理、团队组建、新产品开发、资产管理、经营机制转换、企业改制、企业管理理念、企业文化、企业大事记等。每个企业都有自己的成长历程，都有各具特色的发展史，世界著名企业的发展史最具典型，如通用汽车公司、埃克森美孚公司、西门子公司、华为公司、三井公司等。

6.1.2 现代企业制度体系

现代企业制度是指以完善的企业法人制度为基础，以有限责任制度为保证，以公司企业为主要形式，以产权清晰、权责明确、政企分开、管理科学为条件的新型企业制度。其主要内容包括：现代企业产权制度、现代企业法人制度、现代企业有限责任制度、现代企业组织管理制度，其核心是产权制度。

1. 现代企业制度的基本特征

从企业制度演变的过程看，现代企业制度是指适应现代社会化大生产和市场经济体制要求的一种企业制度，也是具有中国特色的一种企业制度。十四届三中全会把现代企业制度的基本特征概括为"产权清晰、权责明确、政企分开、管理科学"十六字。1999 年 9 月党的十五届四中全会再次强调要建立和完善现代企业制度，并重申了对现代企业制度基本特征"十六字"的总体要求。

① 产权清晰：主要有两层含义，一层是有具体的部门和机构代表国家对某些国有资产行使占有、使用、处置和收益等权利。另一层是国有资产的边界要"清晰"，也就是通常所说的"摸清家底"。首先要搞清实物形态国有资产的边界，如机器设备、厂房等；其次要搞清国有资产的价值和权利边界，包括实物资产和金融资产的价值量，国有资产的权利形态（股权或债权，占有、使用、处置和收益权的分布等），总资产减去债务后净资产数量等。

② 权责明确：指合理区分和确定企业所有者、经营者和劳动者各自的权利和责任。所有者、经营者、劳动者在企业中的地位和作用是不同的，因此他们的权利和责任也不同。

③ 政企分开：指政府行政管理职能、宏观和行业管理职能与企业经营职能分开。

④ 管理科学：要求企业的质量、生产、供应、销售、研发、人事等各方面的管理科学化。管理致力于调动人的积极性、创造性，其核心是激励、约束机制。对于管理是否科学，虽然可以从企业所采取的具体管理方式的先进性上来判断，但最终还要从管理的经济效率上，即管理成本和管理收益的比较上做出评判。

2. 现代企业制度的主要内容

根据以上分析，在较为具体的层面，现代企业制度大体包括以下内容：

① 企业资产具有明确的实物边界和价值边界，具有确定的政府机构代表国家行使所有者职能，切实承担起相应的出资者责任。

② 企业通常实行公司制度，即有限责任公司和股份有限公司制度，按照《中华人民共和国公司法》的要求，形成由股东代表大会、董事会、监事会和高级经理人员组成的相互依赖又相互制衡的公司治理结构，并有效运转。

③ 企业以生产经营为主要职能，有明确的盈利目标，各级管理人员和一般职工按经营业绩和劳动贡献获取收益，住房分配、养老、医疗及其他福利事业由市场、社会或政府机构承担。

④ 企业具有合理的组织结构，在生产、供销、财务、研究开发、质量控制、劳动人事等方面形成了行之有效的企业内部管理制度和机制。

⑤ 企业有着刚性的预算约束和合理的财务结构，可以通过收购、兼并、联合等方式谋求企业的扩展，经营不善难以为继时，可通过破产、被兼并等方式寻求资产和其他生产要素的再配置。

企业的发展史带着历史的沧桑，积淀了厚重的企业工程文化；企业伦理已经成为企业工程文化正确与否的律尺，对企业工程文化的其他因素及整个企业活动都有着深刻的影响。企业社会责任通过企业愿景和使命来展现，在其表述中对社会做出承诺，履行社会责任。现代企业制度为企业工程文化的完善和健全提供了实践认识基础，同时创新的现代企业制度为企业工程文化的发展增添新的养分。企业的发展史、企业伦理与社会责任和现代企业制度都是企业工程文化的有机组成部分，都不同程度反映了企业工程文化。走近企业，认清企业伦理与社会责任，辨明现代企业制度，是更好地理解和把握企业工程文化的前提。

6.1.3 企业伦理与社会责任

企业与政治、经济、社会、文化、自然界组成的环境形成了一个组织系统。企业从环境中吸收能量、资源和信息，通过有目的的分配和调整，再输出产品和服务到环境中。企业的生存和发展，时时刻刻与环境紧密联系并相互影响。自诞生之日起，企业在改变社会形态与性质的同时也在改变自身，企业伦理与社会责任相随而生。现代企业正以较高的速度和深度嵌入社会生活，社会性企业将是未来企业发展的必然走向，企业伦理与社会责任问题也将越来越突显。当今社会，企业经营活动的价值判断和行为要符合社会规范，承担社会、经济和生态环境的责任和义务，以有利于社会和企业的可持续发展。

1. 企业伦理

企业在经营管理活动中，必然与内部和外部的利益相关者发生各种利益关系。为使企业更有效地满足人们和社会的需要，企业在处理各种利益关系时，必然蕴涵一定的理念和意识，遵守一定的原则、规范等。伦理是人与人相处所应遵循的道理，企业伦理则指企业在处理内外利益相关者关系中的伦理原则、道德规范及其实践的总和。企业伦理涉及企业的方方面面，并在企业发展中不断丰富扩大，主要包括：①企业的社会责任与义务；②经营管理的道德规范；③调节人际关系的行为准则；④保护自然环境的责任与义务。

企业伦理始终贯穿于企业经营活动中，具有导向与调节、激励与评价等作用。从企业角度来看，企业伦理通过道德规范来调节企业和员工行为。从社会角度看，企业伦理通过提供善与恶的价值尺度，给企业行为以正确的价值导向，有助于营造公平、诚信的社会经济交往环境，有助于维护正当的财产权利、契约关系和交换活动，直接或间接地促进效率的改进和提高。进入工业化社会以来，企业伦理的作用突显。全球性的资源危机与生态破坏等严峻的环境问题降低了人们的生活质量，威胁着人类的生存与发展。人们对企业在滥用资源和排放废物中得到好处而把坏处转嫁给社会的经营行为予以抵制和谴责，并在达到一定程度时对其采取法律制裁措施。在当今时代，如果企业只追求利润而不考虑企业伦理，将妨碍企业发展的力度和速度，甚至为社会所不容，必定会被时代所淘汰。总之，企业伦理是企业一种极为宝贵的无形资产，通过对企业及个人的经济行为的规范、约束与引导作用，促进对企业经济目标的实现。

2. 企业社会责任

企业作为社会经济组织，是产业社会的基础。企业的性质决定企业必须为社会的正常运行提供功能与价值，并对社会的稳定发展承担责任。企业首先具有经济属性，必须通过生产产品或提供社会服务取得利润，求得自身的发展。企业又是社会组织，在社会中谋取发展空间和利润的同时，必须承担自身的经济活动所导致的社会后果，即在以营利为目的的生产经营活动中，履行回报社会、支持公益、救助贫困等多种社会责任。企业的社会责任是指企业在谋求所有者或股东权益最大化之外所负有的维护和增进社会利益的义务。企业社会责任主要包括：对员工的责任、对债权人的责任、对消费者的责任、对社会公益的责任、对环境和资源的责任，此外，企业还有义务和责任遵从政府的管理、接受政府的监督。

随着维护经济社会的可持续发展成为全世界的共识，经济和社会的发展应做到物质利益、社会利益和生态利益的协调发展。政府、行业和公众都要求企业遵守伦理经营的原则，将自身的利益与顾客、社会和生态环境等的利益协调统一起来，更使得企业履行社会责任的紧迫性日益加大。对企业来说，承担社会责任增加的并不仅仅是成本，而是未来的收益。接受社会责任的观念并转化为自觉行动，使社会责任目标与利润目标协调统一，必将带来长期的回报，实现经济和社会可持续发展。

随着企业的社会责任逐渐成为政府、社会和企业关注的重点，相关的法规及主要的标准也被越来越多地探讨，有关企业社会责任的法规和体系正在逐步建立。根据联合国环境规划署的统计，目前全世界的国际环保公约已经超过 250 条，而与企业持续发展及社会责任有关的标准或规范也越来越多。例如，瑞典制定了企业主要的生态标准——*Natural Step*。社会责任国际根据多项国际公约制定了全球第一个企业社会责任的国际标准——SA8000 标准及其认证体系。1999 年，在瑞士达沃斯世界经济论坛上，前联合国秘书长安南提出了"全球协议"，并于 2000 年 7 月在联合国总部正式启动。

企业的生存和发展取决于政治、经济、社会、人文、自然环境的诸多力量的平衡。企业取之于社会，用之于社会。从企业社会责任的发展来看，以道德劝说要求企业承担社会责任的时代已经过去。目前，社会环境反过来要求企业必须履行社会责任，否则企业将无法在竞争环境中生存。在经营环境发生根本性变化的情况下，企业应努力使社会不遭受自己的运营活动、产品及服务的消极影响，强调要在生产过程中实现对人的价值的关注，强调对环境、消费者、对社会的贡献，将经营理念的"利润最大化"转变为"利益最大化"，即企业经济效益、社会效益和环境效益三者的统一，增大企业吸纳就业的能力，为环境保护和社会安定尽职尽责。

6.2　企业工程文化的概念与特征

现代企业已经成为工程最重要的主体，现代工程是企业生产经营的"复杂人造物"。从历史发展来看，人类通过劳动来改造和征服自然，但随着劳动分工不断细化和生活空间不断扩大，人造物由"简单人造物"到"复杂人造物"，最后是"复杂人造系统"——工程，人类的劳动也逐渐演变为工程实践活动。与此同时，劳动主体由个体转变为群体，再由群体转变为有组织的国家机构。如今，工程通常由一家或多家企业共同实施完成。从企业与工程的内涵来看，工程的多功能性和复杂性决定了工程主体必须是有组织的机构——企业。企业是生产经营产品以获取盈利的经济组织。自诞生之日起，当企业作为工程主体参与到工程活动中时，其文化就深深打上了工程文化的烙印，并在一定程度与多个层面上反映了工程文化。通过以上分析，可以说，企业工程文化是企业文化与工程文化相互渗透、相互融合的结果，是企业文化一种特殊形式和重要组成部分。

6.2.1　企业工程文化的概念

20 世纪 70 年代末 80 年代初，美国对二战后日本经济迅速崛起的原因进行研究，这成为企业文化兴起的导火索。企业文化概念的正式诞生，标志着企业管理由"以物为中心"发展到"以人为中心"的时代，由"传统科学管理"发展到"现代文化管理"的时代。从主观上说，企业工程文化是随着企业广泛而深入嵌入产业和社会生活而出现的。随着社会的发展，人们生活所需的物品越来越多地成为"公共产品"，使企业的社会和伦理角色变得更加突出，企业与社会生活的联系日益加强。如果企业再不把自己的战略原点放在工程价值这一端，以增强社会效益为重，一定会无法生存，被社会所淘汰。基于此，企业成为社会性企业，而并非只是市场性企业。

随着全球经济一体化与共享经济的出现，企业不断被打破重组成工程企业，参与到工程实践中，因而企业与工程文化不断融合并发展。

1. 企业工程文化的概念

企业工程文化有两种理解，第一种是企业作为"人造物"从创办到消亡的历程，在企业的全生命周期中，对其进行设计、建设、改造、维护中产生的文化；另一种是工程企业组织实施工程实践活动的产物，是企业文化与工程文化交叉渗透及相互融合的结果。这里指的是第二种理解。企业工程文化指现阶段工程企业在从事工程活动中，长期形成的并为组织成员共同拥有和自觉遵循的精神（理念）和物质（行为规范和方式）的总和。构成企业工程文化内涵的要素众说纷纭，我们认为陈春花等编著的《企业文化》一书中，从理论到实践方面划分比较合理易懂，如表 6.1 所示。

表 6.1　企业工程文化的构成要素

名　　称	作　　用
企业使命与愿景	明确了企业存在的意义价值和长期目标
企业价值观	主导着企业的行动逻辑
企业家精神	引领着企业文化的价值与行动
规范与惯例	企业文化稳定守恒的载体
英雄人物	企业工程文化的"摹写"和员工进步的参照
活动与网络	企业工程文化的践行和传递的行动方式

如果将企业工程文化看作一个整体系统，各组成部分之间及整体与各部分之间关系构成了企业工程文化的结构。企业工程文化通常由物质文化、行为文化、制度文化、精神文化四个层次构成。

物质文化又称器物文化，是工程企业外部表现形式之一，是看得见摸得着的直观文化，反映企业的品牌形象，维护和树立企业在社会大众的传播形象。企业工程文化首先通过生产生活环境、工程项目及实施设备、信誉和服务质量等物质表象来体现。

行为文化是工程企业外部表现形式之一，指员工在生产经营及学习娱乐活动中产生的活动文化，是在维护和传播企业的行为形象（如企业经营、教育宣传、人际关系活动、文娱体育活动等）中产生的文化现象。

制度文化是工程企业为实现企业目标，根据自身特点，并针对员工的行为而制定的用于本企业的行为规范，它是工程企业内部形态的游戏规则，规范着企业中的每一个人，具有共性和强制性，是贯彻行为文化的保证。它以法律和规章制度、组织结构、管理形态等构成外显文化，如海尔公司的管理规则"十三条"。它将物质行为文化和理念文化有机结合，形成完整的一个整体。

精神文化又称理念层文化,指作为一种结果表现和无形规范进入人的意念精神层面形成的文化,用以指导工程企业开展工程实践活动的各种群体意识和价值观念,尤其是核心价值观。例如,海尔的核心价值观为"创新",海尔精神为"敬业报国追求卓越"。精神文化是企业工程文化的核心和灵魂,是形成物质层、行为层和制度层文化的基础和原因。

企业工程文化的核心和灵魂包括企业的愿景与使命、企业价值观和企业精神,这决定着企业工程文化的内容和发展方向,世界著名企业及其典型文化如表6.2所示。企业的愿景与使命是企业对未来的发展方向和目标的构想和设想,为全体员工指引明确的方向。企业的愿景明确界定企业在未来社会里的责任和义务,企业使命具体表述企业在社会中的经济身份或角色,明确企业在社会中的分工,以及在哪些经济领域为社会做贡献。企业价值观是企业及其员工的价值取向,是企业在追求经营成功过程中所推崇的基本信念和奉行的目标,是企业工程文化的核心。企业价值观明确企业为什么存在,构成了企业及员工对待客观现实的态度、评价和取舍事物的标准、选择对象的依据,以及实践行动的标准。企业精神是时代意识与企业个性相结合的一种群体意识,是企业员工群体人格与心态的外化,是企业存在和发展的内在支撑。企业精神表达企业的精神风貌和企业的风气,具体体现在坚定的追求目标、强烈的群体意识、正确的竞争原则、鲜明的社会责任和可靠的价值观念及方法论等。

表6.2 世界著名企业及其典型文化

企 业 名 称	典 型 文 化
波音公司—— 航空航天工程	企业愿景与使命:成为世界排名第一的航空公司,同时在品质、获利及成长方面成为业内的佼佼者。 价值观:"全球企业公民"是波音的核心价值之一,是指波音为使世界变得更加美好所做的工作。 企业原则:"诚信"是波音一贯原则是指诚实沟通、善尽责任、遵守各项法规,生产安全可靠的高品质产品,所有员工均享有平等的机会等
西门子公司—— 电子电气工程	企业愿景与使命:成为行业标杆,为消费者和股东创造价值,助力社会,迎接重大挑战,矢志突破创新。 企业价值观:勇担责任——致力于符合道德规范的、负责任的行为;追求卓越——在每个领域都将尽力实现的目标;矢志创新——敢于创新,创造可持续的价值
丰田汽车公司—— 车辆工程	企业愿景与使命:通过生产汽车而为建立富有的社会做贡献。 企业价值观:杜绝浪费,保证质量,技术革新。 企业精神:"乡巴佬"精神、顽强不屈的斗志、自力更生、团结一致 基本理念:遵守国内外的法律及法规精神,通过公开、公正的企业活动,争做得到国际社会信赖的企业市民。 企业原则:让汽车与自然环境"协调发展",让公司与国际社会"协调发展",让个人与社会共同进步
中国石化公司—— 能源工程	企业愿景与使命:"建设成为人民满意、世界一流的能源化工公司","为美好生活加油"。 核心价值观:人本——以人为本,发展企业;责任——报国为民,造福人类;诚信——重信守诺,言出必行;精细——精细严谨,止于至善;创新——立足引领,追求卓越;共赢——合作互利,共同发展

随着全球经济一体化与"共享经济"的出现,企业工程文化呈现以下发展趋势:①人与自然、社会与自然关系恶化及经济与文化彼此依存和相互促进关系,使企业工程文化与经济和环境和谐发展。②世界经济与文化的一体化,使横跨不同社会文化和民族文化的企业工程文化管理提上日程。③企业工程文化的品位成为市场认同的重要标准,未来将更注重于提升品牌价值,树立品牌信仰。

2. 企业工程文化案例

华为公司在短短二十几年时间里，成长为一家具有国际竞争力的、跨国经营的世界著名公司，与其成功的企业文化密不可分。华为的企业文化就是总裁任正非的众多管理思想，如"毛泽东思想""狼性文化""军事化管理"等一系列新式的企业管理文化。总体概括为"团结、奉献、学习、创新、获益与公平"。

① 民族文化与政治文化的企业化。华为把共产党的最低纲领分解为可操作的标准，来约束和发展企业高中层管理者，以高中层管理者的行为带动全体员工的进步。在号召员工向雷锋、焦裕禄学习的同时，又奉行决不让"雷锋"吃亏的原则，坚持以物质文明来形成千百个"雷锋"成长且源远流长的政策。

② 双重利益驱动。坚持为祖国昌盛、为民族振兴、为家庭幸福而努力奋斗的双重利益驱动原则。

③ 同甘共苦，荣辱与共。团结协作、集体奋斗是华为企业文化之魂。成功是集体努力的结果，失败是集体的责任，不将成绩归于个人，也不把失败视为个人的责任。自强不息，荣辱与共，胜则举杯相庆，败则拼死相救的团结协作精神。

④ 无为而治与《华为基本法》。1998 年 3 月正式出台的《华为基本法》是中国第一部总结企业战略、价值观和经营管理原则的"宪法"，是一家企业进行各项经营管理工作的纲领性文件，也是制定各项具体管理制度的依据。

⑤ 狼文化。狼文化一直是华为公司提倡的一线文化，它以良好的嗅觉、敏捷的反应和发现猎物集体攻击的鲜明特点被任正非鼎力推崇。华为人以独具特色的"狼性"集体奋斗，伴随企业一起成长，更为华为的迅速崛起立下汗马功劳。

⑥ 垫子文化。几乎每位华为员工都备有一张床垫，卷放在各自的储存铁柜的底层或办公桌、计算机台的底下，·张床垫半个家。颜色各异、新旧杂陈的一张张床垫，构成华为文化一道独特的风景。床垫文化也意味着从早期华为人身体上的艰苦奋斗发展到现在思想上的艰苦奋斗。

⑦ 不穿红舞鞋。企业要想发展壮大，必须牢牢掌握生存与发展的主动权。任正非对此有一个形象的提法，叫作"企业不可穿上红舞鞋"。在任正非眼里，红舞鞋虽然很诱人，就像电信产品之外的利润，但是企业穿上它就脱不了，只能在它的带动下不停地舞蹈，直至死亡。因此任正非以此告诫下属要经受得住其他领域丰厚利润的诱惑，不要穿红舞鞋，要专注于公司的现有领域。

6.2.2 企业工程文化的特征

企业工程文化作为一种特殊的文化，具有鲜明的个性和共性，其特征可归纳为以下几方面。

1. 动态性与稳定性

从历史发展看，企业工程文化的形成是一个动态发展且需要一个漫长的过程。在这个过程中，企业工程文化不断充实和发展，并随着工程企业内外环境的不断变化进行实时调整，甚至是以一种崭新的文化替代落后陈旧的文化进行变革。企业工程文化作为一种群体意识，这种群体意识相对于激烈变化的内外环境，具有相对独立的稳定性。从整个发展历程看，企业工程文化经历了"人治、法治、文治"三个重要的稳定阶段。

2. 时代性与社会性

从环境上看，企业工程文化是时代的产物，又随着时代的前进而不时地演化着自己的形态。任何企业，都是置身于一定时空环境之中的，受时代精神感染，而又服务于社会环境。企业的时空环境是影响企业生存与发展的重要因素。企业工程文化作为企业的无形资产，它的生成与发展、内容与形式，都必须受到时代的经济体制和政治体制、社会结构、文化、风尚等的制约。由后者众多因子构成的时代精神在企业文化中反映出来，即构成了企业文化的时代特征。企业工程文化是企业这个经济社会群体共同的价值取向、行为准则、精神面貌等，是一种社会群体心理文化、物理文化、行为文化。不仅企业全体员工参与和共享，还通过传播为全社会共享。随着经济文化的全球化，加快了工程项目的国际化进程，企业工程文化走向了国际共享。

3. 人文性与行为性

从本质上看，企业工程文化的本质是以文化人，以人为本，以文化为主导。企业内外一切活动都应以人为中心，企业工程文化体现在尊重人、关心人、依靠人、激励人、培养人等方面，强调人的理想、道德、价值观、行为规范等，激发人的使命感、自豪感和责任心。从企业内部来看，全体员工为追求事业和舒畅生活而相融于企业这个大家庭。从企业外部看，企业产品为了满足人的物质和精神需求，促进人类社会的发展。企业工程文化最终作用于人，通过引导人的思维方式、价值观念、精神状态等，进而引导人的行为方式，达到强化管理的目的。

4. 独特个性与融合性

从形成上看，企业工程文化源于并融于工程企业，并为其服务，在潜移默化中作用于载体最活跃因素——员工，有其独特的文化淀积。任何企业都有自己的特殊品质，这是由企业的生产经营管理特色、企业传统、企业目标、企业员工素质及内外环境不同决定的，所以，每个企业的企业文化都具有其鲜明的个体性与殊异性。由于工程规模大，涉及面广，参与工程的企业之间是竞争又合作的新型"竞合"关系，这要求企业必须不断融合多元文化、合作文化和共享文化，使企业能够突破看似有限的市场空间和社会结构，实现优势互补的资源重组，做到"双赢"乃至"多赢"。

5. 继承性与创新性

从建设上看，优秀的企业工程文化不仅可以促进企业的发展，最终还会推动社会经济的发展。企业工程文化在建设中首先要继承优秀的民族文化精华、自身的文化传统及外来企业工程文化实践和研究成果。在继承的基础上，不断创新，增强自我更新能力，以适应复杂多变的内外环境和国内外市场的变化，引导大家追求卓越，追求成效，追求创新。这是时代的呼唤，也是企业工程文化的内在要求。

6.3 弘扬企业家精神

企业家是经济活动的重要主体和人类社会最稀缺的资源之一，是创建企业并担任经营管理职责的指挥者，同时也是企业变革的源泉和企业推动经济发展职能的真正承担者，是企业文化形成和塑造的精神导向和总设计师。企业家精神是企业家内在的精神气质，反映企业家个人素质、信仰和行为，是企业精神形成的基础。企业文化是企业家精神不断向企业纵深扩展的结果。企业家精神作为企业工程文化的灵魂和重要组成部分，通过企业文化得以传承和延续，随其发展而发展。

6.3.1 企业家精神的概念

企业家精神是企业家持有的独特的精神气质，即人性的精神。生产力发展的阶段不同，企业家精神含义不同。1800 年法国经济学家让·巴蒂斯特首次提出的"企业家精神"是企业家特殊技能（包括精神和技巧）的集合。或者说"企业家精神"指企业家组织建立和经营管理企业的综合才能的表述方式。1803 年萨伊在出版的《政治经济学概论》中给了它较严格的定义，是指企业家的才华、能力。现代企业家精神通常指企业家进行企业经营管理时所具有的思想意识和基本素质的总体表现。

企业家精神是在企业发展过程中长久的日积月累形成的一种文化，企业的成长史就是文化的演变史，就是企业家精神由表性转化为隐性的发展史。企业家精神不仅是企业的生命灵魂，更是企业的核心竞争力，已成为一种重要而特殊的无形生产要素。由企业家精神激发的动力和活力，不仅支撑了企业的发展，推动了经济增长，而且对整个社会发展也具有重要作用。宏观上来说，企业家精神是一种社会精神，已成为社会不断创新和进步的动力。经济发展是一个动态的、循环的过程。在这个循环的过程中，市场的扩大是企业家们开拓的结果，分工的深化是企业家引导的结果，创新是企业家行为的结果，经济发展的巩固是企业家主体作用的结果。企业家精神在这个过程中得到凝练与积淀，形成并发展成为一种普遍的精神实质，代表并引领着商业经济的发展潮流，在国家经济发展与社会繁荣中发挥着越来越重要作用。从微观上来说，企业家精神是企业核心竞争力的唯一真实来源，是企业成长和发展内在的关键因素。企业核心竞争力是企业家精神的一个反映或扩展，它体现的正是企业的创造与冒险，体现的正是企业的合作与进取。企业家精神对企业核心竞争力的巨大作用可以在一些具有远见卓识和非凡的魄力与能力的企业家那里得到集中体现。企业家精神在企业成长和发展过程中始终要保持和发扬。否则,企业就会因为失去活力的源泉而不可避免地在激烈的市场竞争中日趋萧条,而最终被淘汰。

6.3.2 企业家精神的内涵

企业家精神既是企业家个人素质、信仰和行为的反映,又是企业家对本企业生存、发展及未来命运所抱有的理想和信念,不仅是精神财富,更是社会财富。从内涵上讲,企业家精神是一种内在的精神气质、一种思想形式与驱动智慧运用的意识形态,反映企业家这一特殊群体所具有的心理形态与内在活力。同时企业家精神还具有强烈的动力外化性质,如创新、敬业、合作、拼搏、冒险、学习、诚信为本和社会责任感等精神,这些均为企业家精神的核心气质与显著标志,并会转化为企业家经营管理活动中的智力支持与精神动力。具体来说,企业家精神的内涵主要包括:独具慧眼的创新精神,敢担风险的开拓精神,勇于拼搏的进取精神,科学理性的实效精神,尊重人才的宽容精神,面向世界的竞争精神,热爱祖国的奉献精神等。在诸多精神元素中,"诚信、创新、合作、敬业"是企业家精神的核心。

① 诚信精神是基石。"人无信而不立",诚信是企业家立身之本。市场经济是法制经济,更是信用经济、诚信经济。诚信可以帮助企业建立友好合作关系,提高企业信誉度,拓宽市场,扩大生产经营。华人首富李嘉诚成功的核心秘诀只有两个字——诚信。正如他所说:"我绝不同意为了成功而不择手段,如果这样,即使侥幸略有所得,也必不能长久。"

② 创新精神是内核。创新精神是市场竞争的内在需求,也是企业持续发展的重要保证。任何企业,不论其效益如何显著,或在行业中如何成绩斐然,都需要不断创新、变革,才能保证企业的持续稳定发展并在市场竞争中立于不败之地。企业家作为企业的领路人,创新是其主要特征。企业家创新精神主要指创造新的生产经营手段和方法,新的资源配置的方式,以及新的符合消费者需求的产品和劳务。例如,美国克莱斯勒公司巨额亏损,福特汽车公司的总经理艾科卡走马上任,一举扭亏为盈。同样的企业、同样的员工,仅仅是企业领导人的变化就引发这么大的变化,似乎在用实践说明企业家的真正价值。

③ 合作精神是精华。由于经济全球化的加剧,生产分工越来越明细,企业之间的合作交流越来越重要,合作精神成为时代背景下企业家必备的重要因素。正如艾伯特·赫希曼所言:"企业家在重大决策中实行集体行为而非个人行为。"尽管伟大的企业家表面上常常是一个人的表演,但真正的企业家其实是擅长合作的,而且这种合作精神需要扩展到企业的每个员工。企业家既不可能也没有必要成为一个超人,但企业家应努力成为蜘蛛人,要有非常强的"结网"能力和意识。例如,西门子公司秉承员工为"企业内部的企业家"的理念,开发员工的潜质。在这个过程中,经理人充当教练角色,让员工进行合作,并为其合理的目标定位实施引导,同时给予足够的施展空间,并及时予以鼓励。西门子公司因此获得令人羡慕的产品创新记录和成长记录。

④ 敬业精神是动力。中华民族历来有"敬业乐群""忠于职守"的传统。敬业精神是企业家创新的动力，这是基业长青的源泉。因此，对事业的忠诚和责任是企业家的"顶峰体验"和不竭动力。敬业是企业家最基本的素质，敬业强调的是企业家对企业生产经营认真负责、恪尽职守、精益求精的工作态度。敬业精神体现为忧患意识、奉献精神、拼搏精神和实干精神。例如，华为公司总裁任正非一直专注于通信设备，1992 年华为进入电信市场，在竞争激烈的电信领域，凭借着初生牛犊不怕虎的一腔豪情和坚持不懈奋斗拼搏，华为在研发和管理上持续不断地投入巨大物力人力财力，如今华为取得的成就得益于华为多年的坚持和奋斗。俗话说"一个人做一件事容易，但是一辈子只做一件事就难"，对企业而言，敬业就是在专业领域内，做佼佼者与出类拔萃者。

综上所述，企业家精神是一个企业基业长青的重要基础，伴随企业的发展不断与时俱进，随着企业的不断成长和发展，企业家精神已由个体企业家精神过渡到公司企业家精神，最终将是社会企业家精神。

6.3.3 大力弘扬企业家精神

企业家精神有着丰富的内涵，新时代赋予企业家精神新的内容。随着中国特色社会主义进入新时代，企业家精神新的内涵主要包括：爱国敬业、信念坚定是新时代企业家精神的根基；着眼长远、执着坚守是新时代企业家精神的内核；开拓创新、合作共赢是新时代企业家精神的灵魂；敢于担当、奋发有为是新时代企业家精神的底色；遵纪守信、敬业奉献是新时代企业家精神的标线；承担社会责任，回报社会是新时代企业家精神的最终归宿。

激发和保护企业家精神，鼓励企业家投身创新创业，是经济社会文化生态发展的需要。改革开放以来，一大批优秀企业家登上历史舞台，带领中国企业发展壮大，推动中国经济破浪前行，在创造物质财富的同时，也涵养着企业家精神不断成长成熟。党和国家始终高度重视弘扬企业家精神。2017 年 9 月中共中央、国务院印发了《关于营造企业家健康成长环境，弘扬优秀企业家精神，更好发挥企业家作用的意见》（以下简称《意见》）。《意见》指出，企业家是经济活动的重要主体，提出了弘扬优秀企业家精神的"36 个字"要求："爱国敬业，遵纪守法，艰苦奋斗，创新发展，专注品质，追求卓越，履行责任，敢于担当，服务社会。"这是中央首次以专门文件的形式明确企业家精神的地位和价值。

弘扬企业家精神还要把握好正确舆论导向，加强对优秀企业家先进事迹和突出贡献的宣传报道。弘扬敬业报国、奉献社会的企业家精神，宣传、表彰优秀企业家，凝聚崇尚创新创业正能量，营造尊重企业家价值、鼓励企业家创新、发挥企业家作用的舆论氛围。

第**7**章
工程师工程文化

工程活动及工程师的历史要追溯到古代。古埃及金字塔、古罗马斗兽场和中国京杭大运河等都是古代社会留存下来的工程奇迹。可以说这些工程的设计者、营造者和组织者就是人类第一批工程师。

《牛津英语字典》记录了"engineer"一词，在 1300 年第一次被用来指军事工程师。此外，这个词常常用来指发明者、设计师、制图者和作者。这些含义一直沿用到 18 世纪。直至今日，这个词已经有了更广泛的含义，它不仅指技术大学毕业的工程师，同时也指教育背景各不相同的技术人员、机械师和手工业者等。

《现代汉语词典》中把工程师解释为技术干部的职务名称之一，能够独立完成某一专门技术任务的设计、施工工作的专门人员。

工程师是一个职业群体，是拥有科学知识和技术应用技巧，在人类改造物质自然界，建造人工自然的全部实践活动和过程中从事研发、设计与生产施工活动的主体。其行为关乎工程的质量及人民的生活福祉。2004 年第二届世界工程师大会的《上海宣言》宣布"为社会建造日益美好的生活，是工程师的天职"。

进入 21 世纪以来，现代工程实践的综合化特征日趋明显，其对社会与自然界的影响日益深刻且多元，早已超越仅仅把科学技术应用于生产的经济活动。同时，工程在设计、决策、实施和运行管理的过程中，越发受到社会的政治、法律、文化、生态环境的制约。多学科知识的协同，多领域技术的融合，人类价值体现在工程活动的方方面面。作为现代工程的主要群体，工程师必须具备优秀的人文素养，才能够胜任繁杂程度不断提升的工程实践。

7.1 工程师职业的历史发展和工程师协会

在当代西方，如德国，工程师常被用于指工业大学或者应用技术大学的毕业生，也就是说，首先是从学历层面来定义工程师的。但从职业标准去定义，工程师应该是指"那些在各个历史时期，从事复杂高难度工程项目的实施和组织管理的人"。按照这个定义，可以回溯到公元前几千年在世界各地形成的高度发达的古代早期城市文明，因此工程师是一种已经延续了 6000 年的职业。

7.1.1 工程师职业的历史发展

1. 古代东方早期文明的技术专家

史前时期的人类社会已拥有负责高难度技术项目的人员。一批大型建筑工程，如石器时期的建筑可以证明这一点。

世界上最古老的文明当数古代两河流域的国家，大约在相当于今天的土耳其、伊拉克、伊朗、叙利亚、黎巴嫩、以色列、约旦和也门等地。古代东方文明的显著特征是社会等级鲜明、中央高度集权和官僚制度完善。社会的经济、行政管理、宗教、军事、政治、法律和技术等各领域都涌现出了各自的专家。早期工程师的工作范围主要集中在建筑、采矿、基础设施、测量、军工、造船、运输和水利等领域。在这些领域里，设计、生产、规划、管理和研制等具体工作又造就了不同的职业群体，规定了各自不同的工作职责，催生了各种职业名称，与我们今天所说的工程师和技术员大致相符。

目前仅有极少量文献涉及古文明的日常生活和为工程技术做出贡献的工程技术人员的名字与生平事迹。第一，历史记载的对象主要是大权独揽的统治者，他象征最高的权力和财富，又是国家的代表，自然可以把一切功劳归于自己。第二，不管是工程师，还是作家、雕刻家或画家，在当时都不把个人当回事。第三，与古希腊罗马时期不同，当时对社会及其机构的思考还没有上升到书面记载的层面。

2. 古典时期的工程师（公元前 5 世纪至公元前 4 世纪中叶）

古典时期分两个时段，前期是城邦的繁荣昌盛时代，后期城邦制度则盛极而衰。古典时期关于工程技术史的文献不多，有关古典时期工程师的社会出身、文化程度、工作状况、职业使命等全面情况的资料十分匮乏。下面用一些案例说明当时的技术发展情况。

① 在公元前 600 年前后，希腊迎来了令人瞩目的政治、经济、文化和社会的变化，这一变化在大型雕塑艺术和建筑艺术方面有明显的体现。例如，公元前 530 年前后建成的帕埃斯图姆的赫拉神庙，用石头建成的大型庙宇带有一圈圆柱，具有与希腊各城邦类似的功能，它

们向外来人展示了一座城市的品位，并以此增强城邦自由民对自己城市的认同感。在公元前 6 世纪的几十年中，希腊修建了一大批这样的庙宇。这一时期庙宇越建越大，在技术和材料后勤供应方面对工程师的要求也越来越高。

第一批建造这些神庙的希腊工程师在史册上是有记载的。他们在克服技术难题的过程中提升了自我意识，这一点在这一时期后来的技术文献中得到很高的评价。

② 古希腊的机械应用始于舞台。古希腊戏剧是指大致繁荣于公元前 6 世纪末至公元前 4 世纪初的古希腊时期的戏剧。当时古希腊的政治和军事中心——雅典城同时也是古希腊戏剧的中心，雅典的悲剧和喜剧也包括在全世界范围内出现最早的戏剧形式之中。古希腊的剧场和剧作对西方戏剧和文化的发展产生了持续而深远的影响。

一些文献记载中，对戏剧采用"机械装置"的描述都说明了这些造价不菲的升降机已经属于常见的舞台设施了。"机械装置"一词在这里指的是能移动物体从而造成惊奇效果的设备。当时的文字还记载了"机械师"一词。后来，"机械师"一词就用来称呼那些设计和操作这些机械设备的人。这些文字描述标明了一个新职业群体的形成。

③ 古代技术史与古希腊力学的产生和发展关系密切。公元前 4 世纪晚期，亚里士多德的著作《力学》对力学理论做了更为详尽的研究。在早期的科技文献中也有人否认亚里士多德是该书的作者。无论如何，它对后来的力学发展影响很大，可算是古典时期科技史的一份卓越文献。亚里士多德的力学理论核心在于杠杆原理，他也用杠杆原理解决了许多与各种工具相关的问题。他分析了船桨和船舵的作用，还研究了杆秤、牙医钳和胡桃钳，考察屋梁的承重和棍棒的负载，描述汲水提升棒的效果等。

④ 古典时期的军事领域很早就与手工业和技术密切相关，因为武器装备的生产、战舰的制造、防御工事的修筑及军粮的运输等都是战争必不可少的前提。手工业的作用仅局限于为军队提供武器装备方面。从公元前 5 世纪中期之后情况逐渐发生变化，希腊人认识到在围城战中，除非敌方储备耗尽，否则不会缴械投降。为了避免旷日持久的围城战，他们需要使用攻城工具来翻越或击破城墙。在公元前 441 至前 439 年围攻爱琴海的萨摩斯岛的战役中，希腊人首次采用了新式攻城工具。当时这些装备的设计者被称为"机械师"。萨摩斯城在被围 9 个月后缴械投降。攻占这样一个实力强大的古希腊城市只需 9 个月，要知道阿伽门农攻占特洛伊城耗时长达 10 年。

军工技术的发展使得兵器技术和防御工事等内容成为机械专业文献的研究对象，于是在机械力学领域中又产生了新的专门学科。

⑤ 罗德岛的巨型雕像和世界七大奇迹。希腊化时期诸城邦都倾向于用无与伦比的工程作品显示其追求的政治地位及经济、文化和技术能力，工程技术能力与提升威望的宏伟建筑物是紧密相连的。例如，在挫败一次围攻之后，罗德岛人决定在港口修建一个大型的太阳神像，并于公元前 282 年完工。工程经费来自出售战利品后获得金钱，以永久纪念赢得的胜利。该雕像高 37 米，是世界上已知的最大的雕像。然而地中海地区的地质构造不宜建造大型雕像。公元前 226 年，爱琴海东部地区发生强烈地震，太阳神像从膝盖处断裂后完全坍塌。罗德岛人

放弃了重建神像的打算，被毁的碎片就存留于原地。残缺部分仍然动人心弦，得到古罗马时期人们的赞叹。

⑥ 尽管没有希腊化时期工程技术人员的传记记载，但在大量文字材料中能找到各个工程技术人员的生平及发明。

古典时期最著名的工程师应当是阿基米德。他的研究兴趣首先在数学方面，但他并不拒绝为国王制造各种用途的机械装置。在前工业化时代，有一项最杰出的技术成果是他的螺旋扬水器。阿基米德对滑轮组的作用了如指掌，滑轮组能极大地省力。正是因为有了滑轮组，他相信力学的神奇功能，"给我一个支点，我就能撬起整个地球"。

3. 中世纪和近代早期的工程师

中世纪是欧洲历史上的一个时代（主要是西欧），是指自西罗马帝国灭亡（476）到文艺复兴和大航海时代（13 世纪末至 14 世纪中叶）的这段时期。这个时期的欧洲没有一个强有力的政权来统治，科技和生产力发展停滞，人民生活在痛苦中，所以该时期在欧美普遍被称作"黑暗时代"。这一时期的工程师，还谈不上是一种接受过系统教育、懂得基本科学原理及拥有自身社会地位感的职业。不过，也可能正是因为缺乏系统性、模式化的训练，而使中世纪和近代早期的工程技术成就和工程师的个人经历更有吸引力。这一时期的"工程技术"主要是具有一定审美因素的大型实用建筑。这些工程技术包括要塞建筑、攻城器械、道路、桥梁、运河、堤坝及碾磨机、汲水器和起重机等力学机械。要想了解中世纪工程师的作用，就需要首先着眼于侧重设计和组织方面的项目，如城市攻防战、中世纪时期的城市大型建筑项目及机械力学技术。

欧洲中世纪，大量的军事征伐，尤其是十字军东征，刺激了对军工知识的需求。攻城战更依赖于技术的进步。战争需要木制攻城台、掷射兵器、掩护棚、新一代抛石机等，从这些军事建筑的建造和兵器制造的过程看，中世纪的军工技术人员不仅包括手工作坊里的实际操作人员，还包括相当数量的宫廷学者，形成了一个获得特殊社会地位的军工技术阶层，毕竟军工技术涉及生死存亡问题。

在欧洲中世纪早期，农业社会中积累起来的相关知识主要用于大型修道院和城市基础设施的建设，这是技术知识应用的另一领域。中世纪早期就有教堂和修道院的建设，如查理曼大帝在亚琛修建的皇家教堂等大型建筑；在中世纪中期和晚期，不断扩大的城市成为技术知识的中心，在很远的地方就能看见城市的传统标志——哥特式教堂。中世纪时期对建筑的外观要求越来越高。在哥特式建筑中，建筑师对尖形穹顶、肋架十字拱和扶垛等建筑元素进行全新组合，获得了建筑艺术的极高成就。这些元素创造了高大、明亮的空间，成为新审美效果的基础。中世纪欧洲还建设了大量的市区道路、桥梁、运河、大型喷泉等城市供水工程等基础设施。

欧洲中世纪时期技术知识积累的第三个领域是机械力学技术。他们发明了碾磨机、汲水机和齿轮钟表。中世纪的碾磨机与古典时期相比，有了很大进步，如风动碾磨机便采用了新的动力源，工艺复杂的碾丝碾磨机被应用到纺织业。13 世纪开始了机械钟表的制作，如著名的斯特拉斯堡大教堂的天文钟，该钟除了显示时间以外，还显示许多天文学数据，钟表上还有自动游移的人物和圣经故事作为外部装饰，巧妙绝伦。

当然，据史书记载，这一时期的技术知识在欧洲之外的世界各地都得到了前所未有的发展。尤其是中国，在水利工程、防御建筑建设方面的设计、施工、组织早在秦汉时期就制度化了。否则，像大运河、庞大的皇家园林建筑等大型工程是不可能完成的。

总的来讲，无论是欧洲中世纪，还是古代中国，负责建造这些工程和设施的专业人员是中世纪和近代早期的技术人才，其中包括建筑工程师、工具制造师、金属冶炼师和化工专家等。无论是从现代的角度看还是从当时角度看，这些技术人员的工作领域就是工程师的工作领域。

4. 工业革命后职业工程师的出现

如果从另一角度看，古代工程也是必须有人进行设计和管理的，所以，我们也有理由把在古代工程活动中从事设计和技术指导与管理工作的人员看作工程师，因为他们的角色已经相当于当今的工程师。正像"科学家"这个名词虽然迟至1833年才出现，但是古代就有科学家这个事实从来都是毋庸置疑的。

工程师作为一个专门的职业是如何出现的？毫无疑问，职业工程师的出现和形成是近现代社会经济发展、工程活动规模扩大、科学技术进步、社会分工细化的结果。人们看到，中世纪的工匠在近现代进程中发生了一个意义重大的职能和职业的分化。在现代的工程活动中，由于工匠的分化和许多其他因素共同作用的结果，逐渐形成和出现了现代社会中的工人、工程师、资本家、管理者等不同的阶级或阶层。

在工程师职业形成的过程中，除了其他因素外，18世纪末19世纪初工程教育（特别是高等工程教育）的兴起和发展发挥了非常重要的作用。第一个授予正式工程学位的学校是1747年在法国成立的法国路桥国立大学校（法国路桥学校，ENPC）。伦斯勒多科技术学院（Rensselaer Polvtechnic Institute，RPI）位于美国纽约州首府奥尔巴尼附近的特洛伊，由哈佛大学的毕业生斯蒂芬·万·伦斯勒先生于1824年创办，它是美国最早的工科大学。

如前所述，最早的工程师几乎都是在军队中服务的修筑防御工事、研制火药、枪支的工匠和学徒。第一次产业革命后，机器生产逐步取代了手工生产，规模较大的工程活动方式逐渐取代手工生产方式而成为社会的主要生产活动方式。从18世纪起，在先进的工业化国家开始大量兴建大型民用设施、公共设施，以及城市化的需要都刺激了对工程师和熟练工匠的大量需求。同时，由于技术的发展，工厂制度迅速发展，大公司日益增多。在这个过程中，高等工程技术学院也应运而生，那些在院校接受过高等工程教育知识训练，并拥有专门技术和工程知识的工程师阶层日益壮大，工程师与仅仅具有实际操作技能而缺乏系统学院教育的工匠（Craftsman）或工人（worker）成为两个不同的职业和阶层。

以美国为例，美国工程师人数在第一次产业革命之后显著增加。工程师人数的急剧增加则基本上发生在第二次产业革命及以后时期。1816年美国大约只有30名工程师，后来由于运河、铁路等大规模民用公共工程的兴建，到了1850年，美国已经有2000名工程师；1880年至 1920 年是美国工程师职业发展的黄金时期，推动这个时期对工程师职业需求的主要是工业界的大公司。在这 40 年中，工程师的人数增加了约 20 倍——从 7000 人增加到 136000 人。到了 20 世纪，1950 年美国工程师的人数超过了 50 万人，1990 年更高达 200 万人。在 1900 年，美国每 10 000 名工人中就有 13 个工程师，而 1960 年增加到了每 10 000 名工人中就有 128 个工程师。工程师已经成为美国社会中一个庞大的、不可忽视的职业群体。其他发达国家的工程师群体发展也经历了一个大致相似的过程。

5. 中国工程师群体的演变与职业化

在中国古代，尽管没有工程师这样一个群体性概念，但那些解决实际工程问题的技术实践者或技术专家也有具体的职业名称记载，如营造师、河道监理等，或者用一个泛指的概念——"智者"来指称。这些人的工作主要集中在建筑、采矿、基础设施、测量、军事、造船、运输和水利等领域。在这些领域里，设计、生产、规划、管理和研制等具体工作又造就了不同的职业群体，规定了各自不同的职业职责，催生了各种职业名称，这些名称与今天所说的工程师和技术人员大致相符。

1）工匠——中国古代早期的工程师

从广义上讲，中国古代早期的工匠就是中国第一批工程师。

早在新石器时期，先民们就会用间接打击的方法制作各种不同形状的石质器具。到距今 4000 年之前的仰韶文化和龙山文化时期，产生了制陶工艺。仰韶文化时期，古人发明了慢轮制陶法；到了龙山文化时期，发展为快轮制陶法。制陶这样细致又繁复的劳动，显然不是所有社会成员都能参与的。手工业生产已开始成为少数有技术专长的人所从事的主要劳动。这些拥有技术专长，且富有创造性的劳动者就是早期的工匠。当时的手工业生产还处于原始形态，人们从事手工业劳动并不受任何统治与剥削，工匠的出现只是因为氏族社会内部的分工。

到原始社会晚期，有了部落联盟，氏族之间也产生了手工业生产的分工。《礼记·曲礼》记载："天子之六工，曰土工、金工、石工、木工、兽工、草工，典制六材。"也就是说，当时的六种工匠是土工、金工、石工、木工、兽工、草工，分别负责制作陶器、铁器、石器、木器、皮具和草编等六种材质的器物。至周代，手工业分工更细，有"百工"之称。春秋战国时的经济是以手工业和商业为基础的，各种工匠尤以手工业工匠为多。

随着私有制和国家的出现，工匠成为被统治的劳动者。奴隶制时代工匠的地位是近于奴隶的手工业劳动者，其后的封建社会，"重本轻末"政策则使工匠的社会地位更为低下。

在诸侯混战中一些小国被吞并，国内原有的工匠相当一部分流落各地后，转化为独立经营的民间工匠，他们有的定居于市镇，出售自己生产的产品，有的则靠手艺游食于四方。战国时期各国都愿意招留外来的工匠。当时民间工匠已经活跃起来并受到社会的重视，具有自由民的身份。

2）官匠与民匠——古代工匠的两种类型

随着统治者的权力越来越大，工匠也逐渐分化为两种类型：官匠与民匠。服役于官府的称为官方工匠，在家为自己劳动的称为民间工匠。官匠的劳动产品一般不上市流通，其目的是满足统治者及官僚机构的需要，做工不计成本，不求利润。民匠所从事的主要是商品性质的生产劳动，其产品主要供商品交换使用。

中国古代官匠传统可以追溯到3000多年前的商代。在殷墟遗址中，考古学者发现有官府作坊。先秦文献中也有"处工就官府"和"工商食官"的记载。秦代建立了庞大的官办工业生产体系，众多的民间工匠被征召到官营作坊和官办工程中劳动，如仅参加秦始皇陵兵马俑制作的陶工，就有近千名之多，这可能囊括了当时秦始皇权力所及范围内大部分制陶名匠。

明代以后，官府开始大兴土木建设，各地工匠有了大显身手和加官晋爵的机会，很多官匠就演变为工官。虽然当时出现了不少建筑杰作，但完成这些工程的建筑师们却很难青史留名，他们的技艺和业绩也就此消失在历史的迷雾中。只有少数身带官衔的工程技术人员，才略有轻描淡写的记载。

工官与工匠在身份认同和手工艺操作水平上均存在差异。工官偏重对大工程建设的宏观把握及工程的施工管理；工匠因为熟悉建造技艺，能更合理地安排人员、流程和工序，有效地提升实施效率，一定程度上促进了营造技艺的发展。他们都可被视为现代工程师的雏形。

民匠的劳作是中国古代"男耕女织"的自然经济结构之中最为典型的一种类型。他们都是有专业技能的手工劳动者，靠手艺从事劳动，维持生活。他们的另一种劳动经营方式是在市镇设立店铺。在官府的管理下，他们按工种类别沿街排列，集劳作、居住和经营点为一体。这种方式后来形成惯例延续下来，至今仍有遗迹可寻。

3）中国职业工程师的兴起

在中国，现代意义的工程师是洋务运动时期出现的。伴随着制造局、船政局和纺织、造纸等工厂的建立运行，煤矿的开采、铁路的建造等活动的开展，中国开始有了近代工业的雏形，随之也成长起一批从事工程活动的专业人才。作为一种特殊的工作和职业群体的工程师，就这样随着近现代中国产业和经济发展而逐步分化、形成、成长并发展壮大。

1881年1月，李鸿章等在奏章中称，赴法国学造船回国的郑清濂等已取得"总监工"官凭，这里的"总监工"与"engineer（工程师）"是相对应的。在清朝官方文件中，"工程师"字样出现于1883年7月李鸿章奏折片中，他写道："北洋武备学堂铁路总教习德国工程师包尔。"

我国著名近代工程师詹天佑最早在1888年由伍廷芳任命为津渝铁路"工程司"，在负责修建京张铁路工程时，他被任命为"总工程司"。这里的"工程司"是相应于某项工程的"职司"，既负有技术责任，也有管理的职责。1905年，詹天佑等主持修建了由中国工程人员自己建造的京张铁路工程，同时也培养了一批工程技术人员，逐步形成了中国初期的工程师群体。他们开始自称工程师。

发展至今，工程师群体已经成为中国主要的社会群体之一。

7.1.2 工程师协会

工程技术上的每一次大的变革都引发新型工程师的诞生，使得工程师队伍越来越壮大，种类越来越多，逐渐构成了今天庞大而复杂的工程师职业群体。根据不同标准可以把工程师分为不同类型。按照行业不同可分为机械工程师、冶金工程师、软件工程师、网络工程师、电力工程师、化学工程师、铁路工程师、航空工程师等。按照技术过程不同阶段可分为设计工程师、试验工程师、工艺工程师、生产工程师等。

各工程行业为了提出、权衡及有效解决现有的和新发现的行业共性问题及应用新技术，提高整个行业的运营效率，广泛开展与其他工业界、政府及教育和科研机构的合作与有效沟通，成立了工程师协会。

例如，电子和电子工程师协会（IEEE）是一个国际性的电子技术与信息科学工程师的协会，是目前全球最大的非营利性专业技术学会，其会员人数超过40万人，遍布160多个国家和地区。IEEE致力于电气、电子、计算机工程等领域的开发和研究，制定了900多个行业标准，开展教育培训，奖励有科技成就的会员等，现已发展成为具有较大影响力的国际学术组织。

例如，德国工程师协会（VDI）也是世界上最有影响力的工程师组织之一，协会会员覆盖工业界、学术界、教育界等领域，其中包括来自各个不同专业方向的工程师、自然科学家等，独立于经济界和政治党派之外，是公益性的国际学术组织。自1856年建立以来，VDI在培养后继人才、提供学习机会、拓展新人视野等方面产生了良好的社会效应，是德国延续其强大的工业生命力的有力支持。几个世纪以来，德国的技术力量一直雄冠全球，VDI功不可没。

所有这些工程师协会提供的行业标准及指南、教育和培训、工程师行为规范等，是工程师工程文化中非常重要的一个组成部分。

7.2 工程师工程文化的概念与特征

工程师作为一种职业得到全社会的关注，并形成了以能力为本，实践、创新等多维度的文化特征。

7.2.1 工程师工程文化的概念

工程师工程文化是指在工程师团队中，通过长期合作，逐渐生成的某种约定的习惯或者现象。具体来讲，是指工程师在从事工程式建设活动中体现的职业道德、伦理价值观念、对工程和环境、社会、经济等关系的态度和处理方式等。

永远保持不满是工程师文化，永远保持疑惑也是科学家文化；至善大于求真是工程师文化，求真大于至善也是科学家文化；热爱工具是因为工具代表着某个维度的改造能力，这是工程师文化，热爱工具是因为工具代表着某个维度的描述能力，这也是科学家文化。

7.2.2 工程师工程文化的特征

虽然工程师职业群体是由不同的行业、不同种类的工程师组成的，但是，就整个社会系统而言，与社会的其他职业群体相比较，工程师职业群体之所以被称为工程师，就在于这个群体有独特的不同于其他社会职业群体的一般特征：①将技术转化为直接生产力的主体；②乐观主义的技术态度；③明确的伦理规范；④制度化组织的确立与发展。因而，工程师工程文化的特征内涵主要表现在能力本性、实践性、创新性、伦理性上。

1. 能力本性

在传统的大众认知里，工程师是从事某项工程技术活动的技术专家（technologist），这意味着工程师工程文化是一种专业主义，工程师立身之本是自己的专业技能。专家必定具备专业技术知识，而现代赋予工程师以更多的内涵，"诸如组织、准入标准，还包括品德和所受的训练及除纯技术外的标准"。因而，工程师工程文化必须具备工程能力本性。

古代中国是个典型的农业社会，华夏文明就是建立在农业昌盛的基础上，而水利则是农业的根基。历史上有李冰、宇文恺等著名的水利工程专家，主持开发的水利工程都极大影响了我们的历史进程，可以说是功在当代，利在千秋。

李冰是战国时期的水利工程专家。在任太守期间，以道家的道法自然和天人合一的思想，主持修建许多水利工程，其中以他与其子一同主持修建的都江堰水利工程最为著名。都江堰是一座运用水动力学原理，采用无坝引水建筑形式的大型水利工程。都江堰完工以后，蜀郡才成为真正的天府之国，极大提高了秦国的国力，为秦国的统一打下了坚实的基础。可以毫不夸张地说，蜀地两千年的富庶安乐，都离不开李冰的都江堰。

隋炀帝时期，宇文恺在杨广的命令下主持修建大运河，大运河分为四条：通济渠、邗沟、永济渠、江南运河。大业元年征用两百多万民工挖通济渠，连接黄河淮河，同年又征用十万民工疏通古邗沟，连接淮河长江，构成下半段。三年后，征用河北民工百万余，挖永济渠，直到北京南，构成上半段。又经过两年，重开江南运河，直抵余杭。至此，共征用 500 余万个民工，费时六年，大运河全线贯通，全长 2700 千米。隋朝大运河不仅沟通南北交通，消除南北数百年分裂的隔阂，更有利于运河两岸的农田灌溉。

另外还有战国时期韩国的郑国、秦始皇时期的史禄等都是我国古代著名的水利工程专家，将技术直接转变成生产力，是人们所说的专门工程师中的杰出代表，工程能力本性的真正缔造者。

2. 实践性

工程师工程文化追求的是解决实际问题的可能性，而可能性不可能通过墨守成规来达到，只能通过不断地突破来解决，因而工程师工程文化具有实践创新性特征。

首先，工程师工程文化就是一切以解决问题为导向的工作文化。其关键在于，当问题出现的时候，那种"一切以解决问题为导向"的内部组织模式和思维方式。工程师文化以解决问题的第一线人员为核心，在具体的问题上，只有一个判断谁的意见更重要的准则，那就是谁的方案产生的结果更好。权威来源于经验和解决问题的成功率，而不是官阶。

其次，工程师工程文化，不看怎么说，只看怎么做。在工程里面，只有"这顶用""It works"，没有"这正确""It's correct"。工程里面大家信奉的只有一条："实践是判断真理的唯一标准。"吹得再天花乱坠，未经实践检验，都会被怀疑。

最后，真正的工程师一般还会强调"发现问题—了解背景—分析问题—集思广益—制订计划—解决问题"的整个流程。工程师要理解理论模型和实际情况总是存在差异，好的纸面方案即便在模拟中性能优良，还需要实践来解决并验证。

由于工程活动是技术、管理、经济、文化、自然、社会及政治等多种要素的集成，受到多重约束，在某种程度上也会打上一个国家、一个地区、一个民族在一个时期发展思潮和理念的印记。所以，作为工程往往更具国家、地区或时代特色。同样的设计、同类的规划，在某处、某时令人称道，在另一处或另一个年代，由于条件变了却不被看好。由此可见，对于工程整体而言，并不普遍具备可转移性或可复制性，我国铁路的提速工程就是个典型案例。

铁路是现代社会的重要基础设施，是我国经济的大动脉。在由铁路、公路、水运、航空、管道等运输方式组成的我国现代交通运输系统中，铁路发挥骨干作用，具有十分重要的地位。

提高列车速度的最好办法是修建铁路客运专线，这是国外的经验。但是当时我国铁路提速决策遇到的第一个难点是资金上的"硬约束"。铁路提速决策的第二个难点是技术方面的问题。铁路提速决策的第三个难点，也可以说是最大的难点，是提速工程的复杂性。铁路提速决策的第四个难点是安全问题。当时的国情和路情决定了提速必须走自己的路。我国铁路工作者一直在探索中国铁路发展之路。铁路提速工程的实践，标志我们在依靠自主创新闯出一条具有中国特色的铁路发展之路方面迈出了重要一步。

我国铁路自 20 世纪 90 年代实施的提速工程，谱写了中国铁路发展史上新的篇章。1994 年广深铁路开创了提速的先河。1997 年在全国实施第 1 次大面积提速，随后又在 1998 年、2000 年、2001 年、2004 年、2007 年共实施了 5 次大提速。这 6 次大提速，使我国铁路的面貌有了很大改观，提速网络基本覆盖了全国主要地区，特快列车最高时速从 100 千米提高到 140 ~ 160 千米，部分区段达 200 千米，客车平均速度提高了 30% ~ 40%，有效地遏制了客运量下滑态势，提升了铁路的竞争能力。中国铁路提速规模之大，持续时间之长，在中国铁路发展史上前所未有，在国内外引起了很大反响。"提速"一词从此在全国被各界广泛使用。

铁路提速工程是以较少的资金投入，通过采用新的技术、运用新的管理方式对原有铁路系统进行改造、变革和优化的过程，它不但是技术、管理和安全这三个子系统创新优化的过程，更是三者互相融合、渗透、协调和实现"大系统集成"的过程。铁路提速取得了良好的效果。节省了旅客的时间，提高了服务质量，增强了铁路的整体竞争力，有效遏止了铁路客运量下滑的态势，促进了铁路扭亏增盈。同时全面推动了铁路技术改造，提升了管理水平和铁路技术装备自主开发能力。

通过提速，我们对许多理论和实践问题，认识有了新的提高。我国的铁路提速及接踵而来的"高速"工程还在继续，实践没有终结，我们对中国铁路发展道路的认识也将继续深化。

3. 创新性

工程师自产生之日起，就是为了创造财富和科学技术而存在的。无论是第一次工业革命、第二次工业革命还是现代科学技术昌盛的今天，工程师为人类创造出来的财富不可胜数。三峡大坝、南水北调、进藏铁路，所有这样的大项目建设的完成，无一不是包括自然科学和社会科学各领域、学科、专业知识综合运用的结果。即便是一道佳肴，人们不仅要求它好吃，还希望它好看。即便是一个商品，大家既要求它美观实用，还要求它绿色环保。因此，现代工程师，就不能死读书、读死书，遇事钻"牛角尖"，一条道跑到黑，要求活求变，勇于创新。首先是在本专业、本领域的钻研上，要做到"举一反三，闻一而知十"，在此基础上，还要广泛涉猎，开放思维，"眼观六路，耳听八方"。只有这样，才能摆脱教条，登高望远，有较大作为。

1960 年 11 月 5 日，中国仿制的第一枚导弹发射成功；1964 年 10 月 16 日 15 时中国第一颗原子弹爆炸成功，使中国成为第五个有原子弹的国家；1967 年 6 月 17 日 8 时中国第一颗氢弹空爆试验成功；1970 年 4 月 24 日 21 时东方红一号卫星发射成功，这是中国发射的第一颗人造地球卫星。中国成为继苏联、美国、法国、日本之后，世界上第五个可以用自制火箭发射国产卫星的国家，由此开创了中国航天史的新纪元。"两弹一星"在国际上引起了巨大反响，极大地增强了中国的国际地位。

"两弹一星"的研制实现了高水平的技术跨越。从原子弹到氢弹，仅用两年零八个月的时间，比美国、苏联、法国所用的时间要短得多。在导弹和卫星的研制中所采用的新技术、新材料、新工艺、新方案，在许多方面跨越了传统的技术阶段。广大研制工作者充分发挥聪明才智，敢于创新、善于创新。他们攻破了几千个重大的技术难关，制造了几十万台设备、仪器、仪表。他们知难而进，奋力求新，使研制工作在较短时间内连续取得重大成功，有力地保证了中国独立地掌握国防和航天的尖端技术。

1999 年 9 月 18 日，在庆祝中华人民共和国成立 50 周年之际，中共中央、国务院及中央军委制作了"两弹一星"功勋奖章，授予 23 位为研制"两弹一星"做出突出贡献的科技专家，他们是钱学森、钱三强、王淦昌、邓稼先、赵九章、姚桐斌、钱骥、郭永怀、吴自良、陈芳允、杨嘉墀、彭桓武、朱光亚、黄纬禄、王大珩、屠守锷、程开甲、王希季、孙家栋、任新民、陈能宽、周光召、于敏。"两弹一星"的从无到有中涌现出一批杰出的代表，是中国自主创新能力的伟大体现。

4. 伦理性

工程活动直接关系到公众的安全、健康和福祉，工程师在工程活动中也扮演着核心角色，为了更好地关注和服务于公众，工程师必须承担道德上的义务并掌握伦理理论来应对面临的伦理困境，因而工程师文化有伦理性的特性。工程师的职业伦理从古至今一直受到世人的关注。美国工程师专业发展委员会（ECPD）伦理准则的第一条就要求工程师"利用其知识和技能促进人类福利"，其基本守则的第一条又规定"工程师应当将公众的安全、健康和福利置于至高无上的地位"。

1）工程师的伦理责任

从工程伦理涉及的主体（个人、职业和社会）及其范围来看，工程伦理可分为宏观伦理和微观伦理。微观伦理主要指工程活动中面向个人的个人伦理问题，宏观伦理主要是指面向职业、行业、地区甚至全社会的工程伦理问题。工程师必须兼顾微观和宏观的伦理责任，正确处理好局部利益与全局利益、个体利益与社会利益、经济效益与环境效益、现实需要与长远发展之间的关系，以及人与自然、人与社会、工程与环境的关系。

（1）微观层面的工程师伦理责任

工程建造的过程性和生命周期性特征，客观上决定了伦理责任问题在整个工程项目的构思、决策、设计、建造、运行、管理、评价等各阶段都会出现，并在不同阶段表现出不同要求。

a. 工程决策中工程师的伦理责任

在工程决策中，不仅会遇到知识和技术问题，还会遇到伦理道德和不同利益相关者的利益问题。在工程决策特别是技术决策过程中，工程师承担的伦理责任，主要体现在以下几个方面。

① 根据相应的伦理道德规范，针对工程项目的实际情况提供不同的项目备选方案，供工程最终决策者进行选择。

② 在提供决策建议和参与决策的过程中，把公众的安全、健康和福祉放在首位。

③ 在明确知道决策失误，会危害到公众的安全和福祉、损害工程活动所在地自然环境和

社会环境的情况下，工程师有责任提出合理化建议和可行性论证报告，如建议得不到采纳，就要对其加以阻拦或举报。

b. 工程设计中工程师的伦理责任

工程师是工程项目设计目标的决定者和具体设计者，必须综合运用自然科学、工程科学、人文社会科学等学科的知识开展设计工作，并承担起工程设计安全的伦理责任。在工程设计时，要考虑设计的产品是否存在安全缺陷和质量隐患，是否会给用户造成伤害，是否会对所在地环境造成严重污染，是否符合职业卫生和劳动保护的标准，是否侵犯专利权等问题。如果工程师在工程设计活动中具有高尚的道德动机和伦理情怀，就可以采取有效的手段和措施来提高设计质量，阻止和防止工程事故的发生。

c. 工程实施中工程师的伦理责任

工程师在工程设计方案付诸实践的过程中，担负着首席执行者和工程实施目标监督者的关键角色。工程实施阶段工程师的伦理责任，主要体现在以下几个方面。

① 在工程实施的各个环节，要树立起强烈的质量安全意识，承担起技术与质量监督的责任，严格遵循相关的技术规范、工程质量标准和安全操作规程。

② 应自觉抵制腐败，保证数据、工艺、材料等的真实性，保守商业和技术秘密，用实际行动捍卫工程质量，维护公众利益。

③ 应通过提高工程现场的安全标准、建立相应的保障措施来降低施工风险，肩负起对技术员、工人等的伦理责任，把以人为本、安全第一放在第一位。

d. 工程运行管理中工程师的伦理责任

由于工程具有不确定性和风险性，会导致工程产品最初的承诺与实际成果之间出现偏差。在工程运行管理阶段，工程师的伦理责任主要有以下几个方面。

① 事前预防。在工程技术成果完成且未开始使用时，有责任预测及评估其正面和负面影响。

② 风险告知。有责任向使用该工程产品的消费者告知产品的风险性，不应该存在夸大宣传、欺瞒顾客的情况，且有义务提出合理建议。

③ 检验评估结果。作为评估工程质量的检验者，必须从维护公众健康和安全出发，依据质量标准逐一验收和检测工程的各个环节。

④ 事后追究。一旦在工程运行过程中出现由于工程产品设计的缺陷和施工的不完善而引发的工程事故，工程师负有不可推卸的责任。

（2）宏观层面的工程师伦理责任

宏观层面的工程师伦理责任主要有两个方面：对人类强调安全、健康和福祉；对生态环境强调可持续发展。

a. 工程师对社会公众的伦理责任

几乎所有工程师学会都会把"维护公众的安全、健康和福祉"放在工程师伦理准则的首位，工程师肩负保护公众利益的伦理责任，特别要关注以下几个方面。

① 工程师要保证工程质量。必须坚定不移地把质量安全放在工程建设的首位，严格按照质量标准、工程准则和规章制度要求，正确处理好质量与安全、速度与效益的关系，确保工程和产品质量。

② 工程师要保持诚实和公正。面对经济利益的诱惑，必须保持诚实和公平，并能经受住伦理和良心的考验。

③ 工程师要将公众利益放在首位。工程师既要忠诚于雇主，也要对公众和社会负责，当雇主与公众的利益发生冲突时，工程师有义务将公众利益放在首位。

b. 工程师对生态环境的伦理责任

伴随着工程实践干预自然的程度加深及人类对自然环境的过度索取，加之科学技术的不可预测性、现代工程活动的复杂性和风险性，自然生态系统出现了越来越严重的危机，人类生存环境日趋恶化。工程师对自然环境的伦理责任主要表现在以下几个方面。

① 工程师自身应该建立起正确的环境伦理观。面对日趋严峻的生态危机，工程师必须重新审视人类在生态系统中的地位，树立正确的、可持续发展的生态伦理观，也就是说，工程活动的目的不是单纯的改造自然，而是使社会、经济、生态和谐共处、可持续发展。

② 工程师应承担起保护环境、节约资源等环境责任。这有助于提升工程师的环境伦理责任，并按照伦理规范要求去选择自己的行为，更加关注生态环境、节能降耗、低碳发展等问题。

③ 工程师有责任向客户、企业宣传正确的环境伦理观念。环境问题需要全人类的努力，工程师要促使客户、企业树立资源节约、环境友好、循环经济、绿色制造、清洁生产等现代工程理念和生态观。

总之，对公众、对自然环境的社会伦理责任是工程师伦理责任的最高层次。工程师在工程活动中具有的主体性，决定了工程师有义务、有责任自觉维护公共利益，为公众安全和健康服务，保护自然环境，造福人类。西方一些工业发达国家都把接受、认同、履行工程专业的伦理道德规范作为职业工程师的必要和充分条件。工程师职业伦理规范有助于提高工程技术人员在面临利益冲突时做出正确判断和解决实际问题的能力，并能够提高工程技术人员前瞻性地思考问题、预测自身行为的可能后果并做出判断的能力。

2）工程师的品位情操

现代工程师要全方位加强自然科学、人文与社会科学知识的学习，提高道德素质，树立正确的世界观、人生观、价值观，明是非，辨善恶，塑造健全人格，追求高尚的道德情操和精神境界，做纯粹的人，做对社会有益的人。

生活情趣是人类精神生活的一种追求，一种审美感觉上的自足。一个人的情趣和爱好，构成了他的生活情趣。高雅文明、健康向上的情趣给人带来全身心的放松和愉悦，具有修身、怡情、增智之效，如审美，席勒认为"只有通过美，人们才能走到自由"。因此，审美能力，是考量现代工程师艺术修养和品位情操的重要内容。审美需要一定知识作基础，审美又能开阔人的视野；审美需要一定的底蕴，审美又能丰富人的内涵；审美需要情感投入，审美又能提升品位格调。每个人都有自己的生活情趣，对于普通人，生活情趣即便俗一些，只要不妨碍别人，是无可谴责的，但对于现代工程师，生活情趣高尚还是低下，都会一定程度地影响到工作质量、事业进展甚至是社会风气。

世界上许多著名的科学家都有美好而浓厚的生活情趣。爱因斯坦喜欢拉小提琴，法国昆虫学家法布尔喜欢栽培仙人掌和仙人球，华罗庚喜欢写旧体诗，李四光热爱摄影，竺可桢喜欢打太极拳。科学家热爱科学也热爱生活，丰富多彩的生活情趣陶冶了他们的情操，调动了他们的精神，给了他们以新的活力，推动了他们的科学研究。我们应该向这些科学家学习，培养高尚的情操，做有品位的现代工程师。

7.3 国际工程师资格认证

国际工程师资格认证是将工程专业能力标准作为工程科技类人才的评定标准来认证申请人的。该标准是由工程理事会（Engineering Council）组织专业技术学会、政府、企业和高等教育机构联合制定的，是工程教育、单位实习和企业培训质量的评价标准。国际工程师资质认证是加速国际化工程科技人员培养的有效途径。

国际工程师资格认证起源于英国，这种多元创新工程科技人才培养体系，获得了全世界的认可。英美等发达国家的成功经验说明，认证也是人才培养中非常重要的一个环节。培养与认证是辩证统一的关系，只有二者紧密有机地结合起来才能培养出高水平的工程师。图 7.1所示为欧美发达国家工程师的培养与认证的过程。

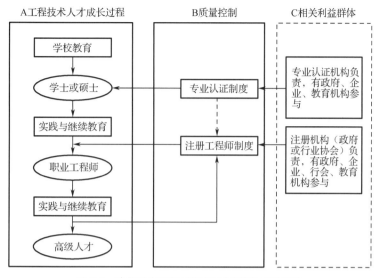

图 7.1　欧美发达国家工程师的培养与认证的过程

7.3.1　工程认证的国际性协议

认证（Accreditation）是高等教育为了保障和改进教育质量而详细考察高等院校或专业的外部质量评估过程。培养既有专业素养，又有全球视野的工程技术人才成为全球工程技术教育领域关心的话题，而加强世界各国在工程技术领域的交流和合作无疑会对全球工程技术教育的发展产生巨大的推动作用。正是在这一背景下，为了推动工程技术专业学生和工程师的流动，西方主要工程技术强国的工程教育界发起成立了国际工程联盟（International Engineering Alliance，IEA），IEA 由三个关于高等工程教育学位（学历）互认的协议（关于学位学历互认的协议主要有《悉尼协议》《都柏林协议》和《华盛顿协议》）和三个工程师专业资格互认的协议（《工程师流动论坛协议》《亚太工程师计划》和《工程技术员流动论坛协议》）组成。IEA 的六个协议组织有着各自的签约成员，代表着不同的国家和地区，每个协议签约成员之间互相认可彼此的工程教育学位（学历）或者专业资格，从而促进了工程师的跨国执业。

在 IEA 的六个协议中，《华盛顿协议》（Washington Accord，WA）是六个协议中签署时间最早、体系较为完整的协议。WA 约定，在该协议签署成员之间，缔约方所认证的工程专业（主要针对四年制工科本科专业）具有实质等效性，并认为经任何缔约方认证通过的工程专业的本科毕业生都达到了从事工程师执业的教育要求和基本素质标准。

《华盛顿协议》的正式会员有美国、加拿大、英国、爱尔兰、澳大利亚、新西兰、中国香港、南非、日本、新加坡、韩国、中国台湾、马来西亚、土耳其、俄罗斯、中国等国家和地区。

《华盛顿协议》的主要特点有三个：第一，其核心内容是各成员认证的工程专业培养方案具有实质等效性，等效性指的是各成员在认证工程专业培养方案时所采用的标准政策过程及结果都得到其他成员的认可；第二，近些年来《华盛顿协议》的认证重点从教育输入转为教育输出，采用能力导向的标准，更加关注教育的结果；第三，《华盛顿协议》对毕业生具体的要求包括沟通能力、合作能力、专业知识技能、终身学习能力及健全的世界观和责任感。

需要注意的是，实质等效性主要针对的是专业出口，而非专业内部具体结构。出口要求包括以下 12 条毕业生素质：

① 应用数学、自然科学、工程基础知识和工程专业知识解决复杂工程问题。

② 识别、研究、分析复杂工程问题，并达到实质性结论。

③ 设计复杂工程问题的解决方案，设计系统、部件或流程，以满足特定需求，并适当考虑公众健康和安全、文化、社会和环境。

④ 进行复杂问题的调查研究，包括实验设计、数据分析和解释、信息整合，以提供有效的结论。

⑤ 针对复杂工程活动，创建、选择和应用适当的技术、资源及现代工程和 IT 工具（包括预测和模拟）并认识其局限性。

⑥ 运用推理评估与工程实践相关的社会、健康、安全、法律和文化问题及随之而来的责任。

⑦ 专业工程解决方案在社会和环境背景下的影响，展示可持续发展的认识和需要。

⑧ 遵守职业道德和工程实践规范。

⑨ 作为个人、不同团队和多学科背景下的成员或领导人，高效地发挥作用。

⑩ 与工程同行和社会人士就复杂工程活动进行有效沟通，如能够理解和书写报告及设计文档、有效地做报告，给予和接受明确的指示。

⑪ 证明对工程和管理原则的认识和理解，并在管理项目和多学科环境中将此应用到自己的工作中。

⑫ 认识并有准备及能力在技术变革的大环境中从事独立学习和终身学习。

与《悉尼协议》和《都柏林协议》不同的是，《华盛顿协议》对毕业生的要求是解决复杂工程问题，而《悉尼协议》和《都柏林协议》分别针对的是广泛的工程问题和准确定义的工程问题。

7.3.2 国际工程教育专业认证

工程教育专业认证是工程技术相关行业协会结合工程教育工作者，对工程技术领域相关专业的高等工程教育质量和规范进行认证，保证工程技术行业的从业人员达到相应教育要求的过程。工程教育专业认证，是工程教育质量保障体系的重要组成部分，是连接工程教育界和工业界的桥梁，是注册工程师制度建立的基础环节。每个国家都有自己的工程教育认证体系，本节只介绍美国和欧盟的工程教育认证。

1. 美国的高等工程教育认证体系

目前，国际上公认的最具权威性和普遍性的认证体系是由美国工程及技术教育认证委员会（ABET）提供的。

1）ABET 的作用和地位

美国工程及技术教育认证委员会是一个独立于政府之外的民间团体，其前身最初为工程师专业发展理事会，成立于 1932 年，当时由 5 个学会联合而成，后来发展为 31 个工程或技术专业学会的联合体，领域几乎涵盖了工程与技术的所有门类。

2）ABET 的工程专业鉴定

ABET 根据工程教育的整体架构与内涵，从 1994 年开始组织研制新的工程标准 ABET EC 2000 准则。该准则于 1997 年公布，2001 年开始全面推进，正式成为 ABET 对全美各校工程教育的认证准则。与之前的鉴定标准相比，EC 2000 准则在一些鉴定内容上发生了重大转变：鉴定标准由注重教育投入转向教育产出，更注重学生的学习效果，学生为进入工程技术职业在知识上做了哪些准备，毕业生是否具备了从事工程活动的必备知识和能力，是否能适应工程实践的需要，是否受到企业的认可。EC2000 的主要特点可归纳为以下几点。

① 十分强调专业教育的产出质量。

② 明确要求学校要有妥善措施保证专业教育能够满足公众要求。

③ 倡导工程教育的创新和改革，要求学校考虑科学技术的快速发展和新世纪人才需求而持续地发展教育，并具有自己的创意和风格。

④ 规定学校必须有自己的质量评估体系。

⑤ 提出了毕业生实际能力 11 条，而不提课程要求。

EC2000 准则具体阐述了工程教育专业毕业生必须具备的 11 种能力：

① 数学、自然科学和工程学知识的应用能力。

② 制订实验方案、进行实验、分析和解释数据的能力。

③ 根据需要，设计一个系统、一个部件或一个过程的能力。

④ 在多学科工作集体中发挥作用的能力。

⑤ 对于工程问题进行识别、建立方程，以及求解的能力。

⑥ 对职业和伦理责任的认知。

⑦ 有效的人际交流能力。

⑧ 宽厚的教育根基，足以认识工程对于世界和社会的影响。

⑨ 对终身学习的正确认识和学习能力。

⑩ 具备有关当代问题的知识。

⑪ 在工程实践中运用各种技术、技能和现代工程工具的能力。

2. 欧洲工程师协会联盟的认证标准

欧洲工程师协会联盟（FEANI）成立于1951年，已经有超过22个西方国家工程协会加盟，促进了欧洲工程教育不同国家的沟通和交流，保证了欧洲联盟国家工程教育的快速发展。

FEANI发表了一个FEANI公式：B+3U+2（U和/或T和/或E）+2E。B为大学学士学位，3U为大学毕业后的3年工程课程培训，包括基础科学（数学、信息学、物理学、化学）约占35%、工程科目约占55%、较高水准的非技术科目约占10%，2E为至少2年的工作经历，这是工程师的专业实践要求；T为1年的工程训练。公式中涉及T的第三项为期2年，可以有1U1T或1T1E等组合，分别适合欧洲（英国和爱尔兰除外）的两种类型工程教育，即更注重应用、以实践为方向的较短学制和更注重理论、以研究为方向的较长学制类型。

FEANI提出，欧洲工程师必须具有以下业务能力：

① 懂得工程专业，了解作为注册工程师对同行、雇主或顾客、社区和环境应负的责任。

② 掌握完备的、适合其学科的数学、物理和信息学为基础的工程原理知识。

③ 掌握在工程领域实践所需的普通知识，包括材料的性能、特性、生产和使用，以及硬件和软件。

④ 掌握自己专门化领域中的技术应用的知识。

⑤ 具备运用技术信息和统计资料的能力。

⑥ 具备开发理论模型并利用模型预测物质世界行为的能力。

⑦ 具备经过科学的分析和综合而独立做出技术决断的能力。

⑧ 具备处理多学科课题的能力。

⑨ 掌握工业关系和管理原理，具有考虑技术、财务和人的因素的能力。

⑩ 具备口头交流和书面交流的技能，包括能够撰写清楚、准确的报告。

⑪ 能应用先进的设计原理，以经济的成本有效地处理制造和维修的问题。

⑫ 能积极了解技术变革的进展和不断增长的需要，不仅仅满足现有实践，而是养成在工程专业生涯中革新与创造的态度。

⑬ 能评价长短期矛盾和诸如成本、质量、安全性和期限等多变因素的作用，并能找到最好的工程答案。

⑭ 能提出环境方面的建议。

⑮ 具备动员人力资源的能力。

⑯ 具备熟练使用除母语之外的一种欧洲语言的能力。

对比 ABET 和 FEANI 认证可以看出，美国的工程师标准和欧洲的工程师标准虽然大同小异，但是美国工程师的主要特征是强调现代工具的使用和个人及团队的合作加强方面，欧洲工程师则强调沟通和语言能力，表 7.1 所示为二者相同点与不同点分析。

表 7.1 ABET/FEANI 工程师认证的相同点和不同点

相 同 点	不 同 点
具备工程领域的专业知识	ABET 的工程师强调团队合作能力，而 FEANI 的工程师则强调培养工程师管理、技术、财务和人力资源方面的能力
具备数学、科学的知识	ABET 的工程师注重现代工具的使用和在实践中运用技术、技能；而 FEANI 的工程师则强调除母语外的语言掌握和人际沟通能力，注重语言应用能力
工程对环境和社会的影响	ABET 工程师要求在工程中运用和解决问题能力，而 FEANI 的工程师注重在完成工程之中的创造和革新
具有工程师职业道德	ABET 提倡工程师终身学习的能力，FEANI 注重关注各项细节的能力
具备分析、调研、评估等综合能力	ABET 重视工程师解决工程问题，而 FEANI 注重在工程造价方面考虑成本、经济、人力、质量等因素
具备多学科的知识和处理问题能力	ABET 的工程师要求具有国际视野的工程理念，FEANI 的工程师没有此项要求

3. 中国的工程教育及其认证

自 20 世纪 80 年代以来，特别是我国加入 WTO 后，建设创新型国家、实现新型工业化都对我国工程技术人才的质量提出了更高的要求，教育主管部门也更迫切需要通过第三方评估的机制保证人才培养的质量，开展国际工程教育认证成为解决这一问题的有效路径之一。

1）中国工程教育认证的发展历程

中国工程教育认证的发展历程如表 7.2 所示。

表 7.2　中国工程教育认证的发展历程

时　　间	内　　容
1992 年	中华人民共和国建设部（以下简称建设部）启动了建筑学、城市规划、土木工程、建筑环境与设备工程、给排水工程、建筑工程管理六个工科专业的评估
2001 年	中国工程院开始工程教育认证相关情况调研，在重庆召开的"中日韩三国工程教育认证"学术报告会上进行了交流研讨
2005 年	经国务院批准成立了全国工程师制度改革协调小组，中华人民共和国人事部为组长单位，中国工程院、中国科学技术协会（以下简称中国科协）、中华人民共和国教育部（以下简称教育部）等为副组长单位，分别负责工程师制度的分类和设计、工程教育认证和工程师的对外联系、工程教育认证等工作
2007 年	成立全国工程教育专业认证专家委员会，开始工程教育认证的体系建设和认证试点工作，该委员会到 2011 年 12 月 31 日期满
2012 年	筹建中国工程教育认证协会
2013 年	成为《华盛顿协议》的预备会员
2016 年	成为《华盛顿协议》的正式会员

2006 年，国务院工程师制度改革协调小组委托教育部成立全国工程教育认证专家委员会，正式启动全国工程教育专业认证试点工作，并于当年 3 月试点认证了 4 个专业领域，完成了 8 所学校的工程教育专业认证，如表 7.3 所示。

表 7.3　2006 年全国工程教育专业认证试点专业及学校

试 点 专 业	试 点 学 校	
机械工程及自动化	北京航空航天大学	浙江大学
电气工程及自动化	东南大学	上海交通大学
化学工程与工艺	天津大学	清华大学
计算机科学与技术	山东大学	北京航空航天大学

之后几年，认证试点和专业的范围继续扩大。经过这些年的努力，工程教育专业认证工作已经取得一些进展，也初步形成了全国工程教育专业认证的组织体系，建立了我国工程教育认证专家委员会，以及 10 个专业的分认证委员会、全国工程教育专业认证监督与仲裁委员会等。我国工程教育专业认证文件体系已确立，目前已经制定了《工程教育专业认证工作手册》。工程教育专业认证基本要求设 10 个指标，指标体系分为通用标准和专业标准两部分，共同要求设 7 个一级指标，专业要求设 3 个指标。表 7.4 所示为中国工程教育专业认证指标体系通用标准。

表 7.4 中国工程教育专业认证指标体系通用标准

指　标	内　涵
专业目标	专业设置
	毕业生能力
课程体系	课程设置
	实践环节
	毕业设计（论文）
师资队伍	师资结构
	教师发展
支持条件	教学经费
	教学设施
	信息资源
	校企结合
学生发展	招生
	就业
	学生指导
管理制度	教学制度
	过程控制与反馈
质量评价	内部评价
	社会评价
	持续改进

2012 年，教育部和中国科协开始筹建中国工程教育认证协会，以符合《华盛顿协议》对成员的要求。认证协会为中国科协的团体会员，秘书处设在教育部评估中心。2012 年 12 月，中国正式提出加入《华盛顿协议》的申请。

2013 年 6 月 19 日，中国科协代表中国在韩国首尔召开的国际工程联盟（International Engineering Alliance）大会上全票通过成为《华盛顿协议》的预备会员。这对于中国工程教育认证事业来说具有里程碑的意义，不仅意味着目前我国工程教育认证工作已经得到国际同行的认可，而且为将来的认证工作指明了工作方向，即按照《华盛顿协议》的毕业生素质和实质等效性的要求，以出口为导向进行认证工作，并与各缔约方相互观摩学习，共同研讨工程教育的未来方向。

截至 2013 年，我国已在机械、化工制药、环境、电气信息、材料、地质、土木等 15 个专业领域，共有 137 所高校的 443 个专业通过了专业认证。

2016 年 4 月 11 日，由中国科协与中国工程教育专业认证协会联合主办的工程教育认证国际研讨会在北京召开。中国科协、教育部、中国工程教育专业认证协会、世界工程组织联合会、澳大利亚工程师协会等代表出席研讨会。澳大利亚工程师协会、英国工程理事会等 13 个《华盛顿协议》正式成员组织的主席、副主席、认证部门负责人，中国教育界、产业界、学术领域的专家、学者等近 70 人参加研讨会。研讨会围绕"成果导向教育与工程教育认证""工程教育认证最佳实践""工程教育及认证体系的创新与多样性发展"三个主题进行专题研讨。此次研讨会为我国加入《华盛顿协议》奠定了良好的基础。

2016 年 6 月，我国成为《华盛顿协议》的正式会员，这也意味着我国的工程教育质量保障体系已获得国际认可。

2）国际交流

我国工程教育专业认证在国际交流互认方面已取得一定成绩。早在 1998 年 5 月，建设部人事教育劳动司与英国土木工程师学会共同签订了《土木工程学士学位专业评估互认协议书》。与此同时，中国注册结构工程师管理委员会与英国结构工程师学会也共同签署了名称与内容相仿的协议书。这两份协议的签订标志着我国土木工程专业评估初步实现了双边国际接轨，为我国工程人才以正式专业资格走向世界迈出了重要一步。

中国科协代表中国作为申请加入《华盛顿协议》的组织者，先后邀请了澳大利亚工程师学会、英国工程委员会（2008）、美国机械工程师协会（2011）等国际组织的专家访问观摩中国的认证考察活动，提出建议和意见，为我国加入《华盛顿协议》打下良好基础。

经过筹备、探索、发展时期，到加入《华盛顿协议》，我国的工程教育认证协会的工作运转、规章制度等已经相对完善和成熟，形成了与国际实质等效的工程教育（本科）专业认证体系，基本和国际工程人才培养要求接轨。

3）中国工程教育认证的研究

高等教育专业认证的研究是 20 世纪 80 年代中期伴随着我国高等教育评估研究的开展逐步发展起来的。同济大学毕家驹教授作为工程教育专业认证和发展工程师注册制度的积极倡导者，自 1995 年开始发表了一系列文章介绍和分析国外工程教育专业认证的情况，提出我国开展工程教育专业认证制度的基本设想。2000 年之后，有关工程教育专业认证的研究开始增多，主要聚焦国外当前工程教育认证的做法，发达国家工程教育专业认证在制度沿革、认证标准等方面的情况，并在此基础上提出对我国工程教育专业认证制度的建议和展望。

4）中国硕士阶段工程教育认证的未来探索

我国硕士阶段的工程教育认证始于 2003 年，全国工程硕士专业学位教育指导委员会率先在项目管理和物流管理两个领域开展了国际化认证工作。2004 年至 2008 年，全国工程硕士专业学位教育指导委员会先后与英国皇家物流与运输学会、中国交通运输协会、中国（双法）项目管理研究委员会（PMRC）、国际项目管理资质认证（IPMP）中国认证委员会、美国项目管理协会（PMI）就职业资格相互认证事宜签署了框架协议。

2010 年全国工程硕士专业学位教育指导委员会与中国设备监理协会签订了《工程硕士（设备监理）专业学位与高级设备监理师资格对接合作框架协议》，这是工程硕士教育专业认证首次与国内职业资格认证进行衔接。

2016 年年底由清华大学主办相关论坛和工作，专门研究和探讨硕士阶段的工程教育认证。

5）中国工程教育的问题及对策

目前，我国工程师培养缺乏特色，认证缺乏系统权威性，造成我国工程师整体水平不高，竞争力不强的现状。其原因主要有以下几个。

① 长期以来，我国工程师地位一直不高，很多人不愿意从事这一职业。

② 高校缺乏具有工程背景的教师是造成我国高校工程师培养质量不高的直接原因。

③ 工程教育培养缺乏与产业和企业的密切合作，这是制约我国工程人才发展的重要因素。而欧美发达国家工程师培养过程中，一般都与企业和相关产业联合培养社会所需的工程师，都非常注重工程人才的工程实践能力，把人才培养和工程实际相结合，加强学生工程训练，强调工程人才在工程过程中所具有的经济、管理、交际、决策、协调等综合能力。这些正是目前我国工程人才培养迫切需要的。

④ 工程师认证体系不完善，政府主导认证是造成我国工程师竞争力不强的主要原因。

⑤ 工程师培养与认证之间缺乏监管。我国工程师培养的主体是各个高校，而认证机构一般从属于政府。所以，缺乏监管机构的工程师认证注定难以在国际上具有很强的竞争力，这也是导致我国目前工程师人数第一，但质量却让人堪忧的现状的原因。

因此，建立适合我国工程认证的标准，尽早加入欧美工程师认证体系，成立独立的第三方认证机构等举措，都可以提高我国工程师培养的质量。

参 考 文 献

[1] 殷瑞钰，汪应洛，李伯聪．工程哲学 [M]．北京：高等教育出版社，2013．

[2] 王新哲，孙星，罗民．工业文化 [M]．北京：电子工业出版社，2018．

[3] 王昌林．大众创业万众创新理论初探 [M]．北京：人民出版社，2018．

[4] 张策．机械工程史 [M]．北京：清华大学出版社，2015．

[5] 张波．工程文化 [M]．北京：机械工业出版社，2009．

[6] 邝志刚．工程文化概论 [M]．北京：化学工业出版社，2014．

[7] 陈春花，乐国林，李洁芳，等．企业文化 [M]．北京：机械工业出版社，2018．

[8] 张德，潘文君．企业文化 [M]．北京：清华大学出版社，2019．

[9][德]Walter Kaiser．工程师史—— 一种延续六千年的职业 [M]．北京：高等教育出版社，2008．

[10] 吴启迪．中国工程师史 [M]．上海：同济大学出版社，2016．

[11][英]Matthew Wells．工程师工程与结构设计史 [M]．北京：电子工业出版社，2014．

[12]《新中国超级工程》编委会．耀眼夺目的世界第一 [M]．北京：研究出版社，2013．

[13] 熊璋．法国工程师教育 [M]．北京：科学出版社，2012．

[14] 徐明达．怎样当好工程师 [M]．北京：机械工业出版社，2012．

[15] 张恒力．工程师伦理问题研究 [M]．北京：中国社会科学出版社，2013．

[16] 王章豹，等．工程哲学与工程教育 [M]．上海：上海科技教育出版社，2018．

[17] 王章豹，李才华．工程文化系统的结构和功能分析 [J]．工程研究——跨学科视野中的工程，2016，8（1）：73-83．